食用农产品合格证制度实施指南

陈　松　王为民　虞轶俊　刘海华　编著

中国农业科学技术出版社

图书在版编目（CIP）数据

食用农产品合格证制度实施指南 / 陈松等编著. -- 北京：
中国农业科学技术出版社，2021.10

ISBN 978-7-5116-5518-9

Ⅰ.①食…　Ⅱ.①陈…　Ⅲ.①农产品—食品—质量管理—
安全管理—中国—指南　Ⅳ.① F326.5-62

中国版本图书馆 CIP 数据核字（2021）第 197811 号

责任编辑　白姗姗
责任校对　贾海霞
责任印制　姜义伟　王思文

出 版 者	中国农业科学技术出版社
	北京市中关村南大街 12 号　　邮编：100081
电　　话	（010）82106638（编辑室）　（010）82109702（发行部）
	（010）82109709（读者服务部）
传　　真	（010）82106638
网　　址	http://www.castp.cn
经 销 者	各地新华书店
印 刷 者	北京建宏印刷有限公司
开　　本	170mm×240mm　1/16
印　　张	13.75
字　　数	230 千字
版　　次	2021 年 10 月第 1 版　2021 年 10 月第 1 次印刷
定　　价	88.00 元

农产品质量安全关乎广大人民群众身体健康和生命安全，是重要的民生工程、民心工程，也是影响重大的政治问题和社会问题。党的十八大以来，以习近平同志为核心的党中央，顺应人民群众对美好生活的向往，以保障和改善民生为重点，强调能不能在食品安全上给老百姓一个满意的交代是对执政能力的重大考验，提出了"产出来""管出来"等重要论断及"四个最严"的要求。要求用最严谨的标准、最严格的监管、最严厉的处罚、最严肃的问责，确保广大人民群众"舌尖上的安全"。这为中国农产品质量安全工作指明了前进方向和奋斗目标。近年来，各级农业部门认真贯彻落实党中央、国务院的总体部署，坚持"产出来""管出来"两手抓、两手硬，积极推进农业标准化生产，切实加强执法监管和专项治理，不断探索创设新政策、新制度和新机制。2017年9月，中共中央办公厅、国务院办公厅印发了《关于创新体制机制推进农业绿色发展的意见》，明确提出要加强农产品质量安全全程监管，健全与市场准入相衔接的食用农产品合格证制度。2019年5月，中共中央、国务院印发了《关于深化改革加强食品安全工作的意见》，再次要求加快建立食用农产品合格证制度。2019年12月，农业农村部印发《全国试行食用农产品合格证制度的实施方案》（农质发〔2019〕6号），合格证制度正式在全国范围内广泛试行。2020年12月，农业农村部在江苏省常州市召开推进食用农产品合格证制度试行工作现场会，原农业农村部副部长于康震出席会议并充分肯定了合格证制度试行的进展与成效，一年的试行过程中全国各地涌现出了一批颇具成效的实践创新典范。

　　本书阐述了合格证试行方案有关的理论知识与关键问题，梳理了合格证试行的阶段性进展与成效，收集精炼了全国试行合格证制度的典型实践经验和创新案例，为生产主体、监管部门更好地推行合格证制度，全面提升农产品质量安全监管能力和水平，推动农业高质量发展，促进乡村振兴提供了有力支撑。

编著者

2021 年 8 月

食用农产品合格证制度实施指南

理论篇

第一章
建立合格证制度的目的与意义

　　食用农产品合格证（简称"合格证"）制度，是近年来农产品质量安全工作的一项重要制度创新，2016年农业部印发了《关于开展食用农产品合格证管理试点工作的通知》（农质发〔2016〕11号），在6个省份开展合格证试点，2019年12月农业农村部印发《全国试行食用农产品合格证制度实施方案》，制度正式进入全国试行阶段。从省级试点到全国试行，合格证制度的设计已基本成熟。本章将从合格证制度的设计背景出发，重点介绍建立合格证制度的意义和目的。

一、落实中央部署

　　党的十八大以来，党中央、国务院对食品安全和农产品质量安全高度重视，做出了一系列的重要部署，合格证制度的设计与建立是对中央要求的贯彻落实。习近平总书记在中央全面依法治国委员会第二次会议上强调，对重大食品安全问题，要拿出治本措施。

　　2017年，中共中央办公厅、国务院办公厅印发《关于创新体制机制推进农业绿色发展的意见》，明确要求加强农产品质量安全全程监管，健全与市场准入相衔接的食用农产品合格证制度。2019年，中共中央、国务院印发《关于深化改革加强食品安全工作的意见》，明确要求推进农产品认证制度改革，加快建立食用农产品合格证制度。2019年，中央纪委国家监委牵头抓总的"不忘初心，牢记使命"主题教育专项整治，又将试行合格证制度作为一项长效机制进行了部署。这些顶层设计层面的部署与要求都明确了合格证制度在农产品质量安全监管制度创新中的重要地位。

二、提升治理能力

党的十九届四中全会，对推进国家治理体系和治理能力现代化进行了全面部署。近 20 年来，全国的农业农村部门在农产品质量安全监管上下了很大功夫，基本建立了投入品管理、农产品监测预警、标准制定、监督执法、应急处置等监管制度，但是面对小农户、大市场、多品种、广区域的农产品生产经营特点，现有管理手段依然不足，监管办法依然不多，治理效能依然不高。

合格证制度借鉴工业产品合格证管理模式，通过合格证制度，可以把生产主体管理、种养过程管控、农兽药残留自检、产品带证上市、问题产品溯源各项环节都集成起来，出现问题则很容易通过合格证找到源头、找出原因，从而把监管效能提升起来。

三、压实主体责任

生产者是农产品质量安全的第一责任人。但是长久以来，我国的监管制度更习惯于依靠政府监管部门把住农产品质量安全的防线，导致部分生产者质量安全意识淡薄，违法使用禁用药物、不遵守农药安全间隔期和兽药休药期的问题时有发生。

近年来，我国农产品质量安全水平不断提升，2019 年农产品例行监测合格率达到 97.4%，连续 6 年稳定在 96% 以上，但是仍有 2%～3% 的不合格产品。一方面，禁用药物违法使用屡禁不止，包括种植业产品检出甲拌磷、克百威、毒死蜱等，畜牧业产品中，牛羊肉中检出"瘦肉精"，鸡蛋中检出产蛋期不得使用药物氟苯尼考、恩诺沙星、环丙沙星等，水产品检出孔雀石绿、硝基呋喃类药物等；另一方面，部分农民超范围超剂量用药、不遵守农药安全间隔期和兽药休药期规定，"今天用药、明天上市"现象一定程度存在，常规药物残留问题越来越需要得到重视，例如豇豆、韭菜中灭蝇胺、腐霉利、甲维盐、吡唑醚菌酯等常规农药超标问题，水产品中使用恩诺沙星、环丙沙星，未执行休药期规定，甚至超剂量使用等，这些问题需要创新打法去攻克。要确保农产品质量安全，根本措施还是要让生产者主动担起责任，从"产出来"一侧自我把关。通过试行合格证制度，由生产者在自控自检的基础上自主开具合格证，发挥自律作用，更加有效地保障质量安全。

四、衔接产地准出与市场准入

全国包括网络电商在内的农产品销售，超过80%来自农产品批发市场，市场准入是农产品上市的最后一道关口。然而一直以来，我国农产品产地准出市场准入衔接机制未能建立健全，导致市场准入把关难以有效落实。2016年开始实施的《食用农产品市场销售质量安全监督管理办法》，要求农产品批发市场向销售者索要检测报告或无公害、绿色、有机、地理标志农产品认证以作为合格证明材料，但只有少部分主体有条件和有能力出具，无法对多数产品做到入市把关，对于这部分主体，有条件的农产品批发市场会进行快速检测，但快检通常只针对有机磷和氨基甲酸酯两类农药，尚不能覆盖全部禁限用药物，更无法对常规用药进行验证，不合格产品流入市场的风险仍然不易把控。

合格证由生产主体在自控自检的前提下自行开具，要求生产主体不使用禁限用药物和非法添加，常规用药遵守农药安全间隔期和兽药休药期，这是对农兽药残留要求的全面管控，所有生产主体都有条件做到，是产地准出与市场准入衔接的有效载体。

五、推动认证制度改革

"无公害食品行动计划"是农业部2001年为解决农产品质量安全突出问题而牵头推出的重要举措，旨在通过8～10年的努力，使我国农产品质量安全水平全面提高。经多年发展，无公害计划取得了历史性成效，无公害农产品成为我国第一大农产品公共品牌。但随着我国农业进入高质量发展新阶段，无公害农产品认证与农业发展新要求表现出越来越多的不相适应性。一方面，无公害认证程序费时费力，认证农产品数量不足上市产品总量的1/7，难以与市场准入全面对接；另一方面，无公害的名称和定位已不适应当前发展要求，未贴有无公害标签的产品可能被理解为"有公害"。

面对农产品质量安全的新形势和农产品质量安全监管举措的新要求，2018 年，农业农村部开始启动无公害农产品认证制度改革，将合格证制度作为无公害农产品认证制度改革的重要内容，积极推动农产品质量安全监管从政府认证方式转向全面监管方式，避免农产品质量安全管理出现空档，有效落实生产经营者主体责任，推动构建农产品产地准出市场准入无缝衔接机制。

六、满足消费者需求

一直以来，我国农产品因为小农生产的特殊性，生产销售不需要许可，上市农产品基本处于"默认合格"的状态。进入新时代，新型农业经营主体兴起，规模化生产企业、合作社、家庭农场提供了市场上 70% 左右的农产品，这些生产者已经有能力和意愿为自己生产的农产品"代言"。并且随着社会经济水平的提高，老百姓日益关注农产品的质量安全，迫切需要了解买到手里的农产品来源、生产日期和农药兽药残留情况。合格证制度一端连着生产者，一端连着消费者，来源可溯、信息可查，其推行标志着农产品带证销售的新时代已然来临。

第二章

合格证制度的主要内容与试行要求

合格证在制造业产品领域早已是一个成熟的制度和概念，生活中消费者购买制造业产品，大到电视、小到水杯都会附带一张合格证，食用农产品合格证制度是对制造业产品合格证制度的一种借鉴，是农产品质量安全监管领域的一项制度创新，制度的设计符合食用农产品的生产、流通、监管特点。2019年12月18日，农业农村部印发《全国试行食用农产品合格证制度实施方案》，合格证制度开始正式在全国范围内试行。本章将从合格证制度的本质与内涵出发，介绍、解读合格证制度的主要内容，并围绕《全国试行食用农产品合格证制度实施方案》介绍制度试行期间的要求。

一、合格证制度的本质

合格证制度的本质是一种以农产品标识合格为核心的产地准出市场准入制度，合格证其实就是一种质量合格标识。

一般来说，以合格为标准的食用农产品市场准入，需要经历四个阶段。

第一是默认合格阶段，即农产品直接上市销售。默认合格是当前大多数农产品所处的阶段。现行《中华人民共和国农产品质量安全法》中对销售农产品的质量安全标准有明确的规定，因此农产品只要存在销售行为，就默认认可了法律的要求，即默认为合格的农产品，但其实际情况只能由政府部门通过风险监测和监督抽查等方式进行验证，这类验证的覆盖率显然是十分有限的，这种"因为销售，所以合格"的逻辑显然也不能满足人们日益提高的农产品质量安全要求。

第二是标识合格阶段，即农产品需附带质量安全标识，方可上市销售。

食用农产品合格证就是为将农产品上市推入标识合格阶段的重要手段。相比默认合格，标识合格的逻辑从"因为销售，所以合格"转化为了"因为合格，所以销售"，这是一项重要的进步，表明了生产销售者必须主动履行法律义务、遵守法律规定、承担法律责任，因此标识合格是产品合格上市的必经之路。

第三、第四阶段分别为验证合格阶段和多指标检测合格阶段，两个阶段均要通过一定手段检测农产品，结果合格后方可上市销售，其逻辑更关注如何证明农产品的合格，即"因为验证，所以合格"。验证合格主要是检测，但检测就意味着更多的成本投入，目前只有部分主体有能力承担，同时，因为检测技术、指标等限制，检测仅是对合格的有限验证，往往不足以真正证明农产品的合格属性，因此在现阶段要求所有农产品进入验证合格阶段是不现实也是不必要的。多指标检测合格是对食品安全强制性国家标准中有限量或禁用规定的物质进行全面的定量检测，能最大限度地证明农产品是否合格。但这种方法检测成本极高、检测周期过长，对绝大多数生产者都不适用，只能应用于国家风险监测等一些特殊情形，并非农产品合格上市的发展方向。

二、合格的内容与实现方式

对于合格证制度中的"合格"两字，有两个关键问题，一是合格的内容是什么，二是合格的依据和实现方式是什么，合格证制度对这两点有着明确的设计与要求。

合格证制度中，"合格"的具体内容为不使用禁限用农药兽药及非法添加物，遵守农药安全间隔期、兽药休药期规定。从制度设计上，合格证就是要让所有生产销售者自行遵守农产品质量安全的最基本要求，因此合格证标识合格的内容聚焦在农药兽药残留和非法添加物上。一方面，这些问题是当前农产品质量安全的主要问题，也是质量安全监管工作的重点；另一方面，是否按规定用药、添加，取决于生产者自身，生产者是主观可控的，而重金属、生物毒素等客观环境因素，则不在合格证的管理范围之内。

合格证制度中，"合格"的依据和实现方式是在自控自检基础上的承诺合格。农产品合格的实现方式可以分为三种，第一种是通过自我检测或委托检测证明产品合格，第二种是通过标准化生产和内部质量控制保障产品合格，第三种是由生产销售者自我承诺产品合格。在食用农产品合格证制度中，优先采用了承诺合格，其主要原因有两点，第一是考虑实施成本与普适程度之间的关系，合格证制度要在生产销售者中全面实施，就必须让所有主体都有条件、有能力开具，个体农户众多是我国农业的现状，并且不会在短期内改变，多数个体农户不具备自我检测、委托检测或建立完备质量安全生产控制体系的能力，因此只有承诺合格具有普遍的操作性。第二是考虑前两种方式与承诺合格之间的关系，严格意义上说，不论是检测还是内部质量控制，都不能保证产品的 100% 合格，其本质都是承诺合格，在工业产品质量管理中，检测通常是内部质量控制的一种手段，通过对关键环节或指标的抽检，验证整个质量控制体系的正常运行，而内部质量控制则是通过标准化生产和关键风险点控制等手段，降低产品的不合格率，提升承诺的可信度，在农产品中，前文已经提出一般的检测验证有其局限性，不能保证农产品全指标的合格，因此无论用何种方式，最终都必须对合格进行承诺。

三、合格证制度实施区域

合格证制度的实施区域是在全国范围，作为一项国家层面的农产品质量安全管理制度，这看似顺理成章，但事实上，合格证制度经历了近 3 年的制度试点后才进入全国试行阶段。2016 年，合格证制度在河北、黑龙江、浙江、山东、湖南、陕西六省开展试点，试点期间有的省份在省内启动了全面推行，有的省份则在选择了部分市、县进行点试。6 个省的试点取得了很好的成效，但农产品的流通是"买全国、卖全国"的，其管理上又涉及产地准出和市场准入的衔接，因此制度必须在全国范围内统一要求、统一实施才能起到应有的效果，否则就可能出现产地省份的农产品附带合格证进入销地省份，但销地不予认可，或销地要求查验合格证，但产地未要求开具等情况。因此合格证制度的实施是全国统一的，不仅体现在全国统一开展实施，更需要全国统一要求，省与省之间无缝衔接。

四、合格证制度实施主体

在制度设计上，合格证是完善农产品质量安全管理体系，实现全面监管、打通监管全链条的重要手段，因此合格证的实施主体应该覆盖食用农产品从产地到集中交易市场的所有环节及主体，即包括前端的食用农产品种植养殖生产者，中间环节的产地收购者、屠宰场（厂），后端的食用农产品销售者、食品加工企业、餐饮服务提供者以及管理端的集中交易市场开办者。前端主体是合格证的开具者，其所有的产品均应带证交易；中端主体既有索取、查看、留存前端主体合格证的义务，也需在与下一级主体交易时开具并出具合格证；后端主体的义务是索取、查看、留存供货者出具的合格证；作为管理端的集中市场交易开办者则需对入市销售者的合格证进行查验，落实市场准入要求。

在制度试行阶段，合格证试行仅将种植养殖生产者中的农产品生产企业、农民合作社、家庭农场优先纳入了管理。这一方面是遵循由易到难、逐步推进的试行思路，另一方面遵守了我国农产品质量安全分段管理的原则，由农业农村部门建立以合格证为核心的产地准出机制，再逐步与市场准入相衔接，同时也是为了符合现行法律的要求，现行的《中华人民共和国农产品质量安全法》暂未将个体农户纳入强制管理，仅作鼓励。

在当今的形势要求下，逐步将个体农户纳入农产品质量安全治理是必然的。事实上，不少省份在试行期间即纳入了部分个体农户，取得了一定的成效。另外，推动建立从农田到餐桌的全程监管也是合格证制度设计的目标之一，合格证制度的完整实施始终离不开中端、后端和市场管理端的主体，目前全国已有 17 个省份，在省级层面由农业农村部门和市场监管部门共同推进合格证制度。因此下一步在立法完善阶段，在试行基础上扩大合格证实施的主体范围，使其在前端覆盖所有生产主体，在全程监管链条覆盖各个环节主体是必然要求。

五、合格证制度实施品类

合格证的实施品类理应是全体食用农产品，但试行时的实施品类范围却仅对蔬菜、水果、畜禽、禽蛋、养殖水产品做了明确要求。

合格证制度设计的初衷是落实生产经营主体责任，有效衔接产地准出和市场准入，实现所有食用农产品的带标带证上市，但全体食用农产品这个品类范围比想象中复杂得多，有许多在制度设计上不易界定或明确的问题，例如粮食、猪肉、茶叶在管理部门的职责分工和管理规范上较其他菜篮子产品有所不同；畜禽产品在部分省份有定点屠宰管理的地方法规，屠宰后需开具肉制品品质合格证；野生采集和野生捕捞农产品基本不涉及农药兽药残留问题等，很难将全体食用农产品一次性全部纳入合格证管理，因此在全国试行阶段，农业农村部选择首先将蔬菜、水果、畜禽（主要是活畜活禽）、禽蛋、养殖水产品五大品类的农产品纳入制度实施，这五大类产品也是当前农产品质量安全监管工作关注的重点。

在当前的试行过程中，全国很多省份也根据自身实际情况，对合格证制度的试行品类做了扩展，较常见的是将粮食、食用菌、茶叶等品类纳入合格证管理，也有地方加入了蜂蜜等小宗农产品。

六、合格证的开具

合格证是由生产经营主体自行开具的，这也是合格证与"三品一标"、动物检疫证明、已经废止的产地证明等的重要区别。生产经营主体开具合格证，需在严格执行现有的农产品质量安全控制要求的基础上对农产品进行自控自检，对农产品的合格属性做出郑重承诺。在《全国试行食用农产品合格证制度实施方案》中，对合格证的开具还有以下规定。

1. 基本样式

全国统一合格证基本样式，大小尺寸自定，内容应至少包含：食用农产品名称、数量（重量）、种植养殖生产者信息（名称、产地、联系方式）、开具日期、承诺声明等。若开展自检或委托检测的，可以在合格证上标示。鼓励有条件的主体附带电子合格证、追溯二维码等。农业农村部在《全国试行食用农产品合格证制度实施方案》还以附件的形式提供了一份合格证的基本样式参考，并于2020年9月对基本参考样式做了调整，突出强调的承诺声明。

2. 承诺声明

承诺声明是合格证的核心信息，其内容是：种植养殖生产者承诺不使用禁限用农药兽药及非法添加物，遵守农药安全间隔期、兽药休药期规定，对产品质量安全以及合格证真实性负责。

3. 开具方式

合格证开具一式两联，一联出具给交易对象，一联留存一年备查。在实际试行过程中，合格证的开具方式多种多样，包括直接打印空白合格证模板并手写填写，批量印刷合格证模板并开具，利用合格证智能机、手持机等设备开具合格证等。根据调查表示，很多地方采用信息化的手段建立合格证开具服务应用，如利用追溯系统、网格化监管系统、政府信息化服务系统、手机 App 等，主体注册后可以通过这些系统打印附带二维码的合格证，这类合格证往往比基本要求包含更多的信息，且在系统留有开具记录，不需再开具一式两份的合格证备查。

4. 开具单元

有包装的食用农产品应以包装为单元开具，张贴或悬挂或印刷在包装材料表面。散装食用农产品应以运输车辆或收购批次为单元，实行一车一证或一批一证，随附同车或同批次使用。

七、合格证的使用

在合格证的制度设计中，凡是涉及食用农产品交易的，都应由供货方出具合格证，收货方索取查看；凡是涉及食用农产品进入市场的，应由入市销售者出具合格证，市场开办、管理者索取查看，整体形成质量安全管控的全链条。但是前文提到目前在试行阶段，并没有对中端、后端和管理端的主体提出明确的要求，即合格证的使用还有待在制度层面予以完善。事实上，各地在开展合格证试行工作时，都在尽力明确合格证的出具使用，建立完整的开具、出具、索取、查看链条，而这条链条是否建立健全，也是评价各地合格证制度试行工作的重要指标。

八、合格证的管理

合格证制度是农产品质量安全治理体系中的一项制度创新，其不仅是对生产经营主体的要求，也对农业农村部门等监管部门提出了新的工作要求。特别是在全国试行阶段，合格证制度对生产经营者、监管者、消费者来说都是新鲜事物，要求有关部门要做好相应的管理和指导工作。

1. 建立主体名录

合格证制度标志着农产品质量安全从产品监管转变为主体监管，此前各地对于农产品生产主体的信息掌握并不全面，甚至一些地方长期没有整理过辖区的生产主体名录。因此合格证制度的实施首先要求各地农业农村部门抓紧建立健全本辖区种植养殖生产者名录数据库，包括种植养殖生产者名称、地址、类型、生产品种等信息，确保试行范围规定的主体全面覆盖，鼓励有条件的地方结合现有信息化手段实现电子化管理。

2. 加强培训指导

对于合格证这项新制度的推行，培训指导工作尤为重要。制度试行期间，农业农村部组织编写了合格证培训教材，制作了教学视频，开通了网络培训课程，并要求各地农业农村部门要充分发挥村"两委"和村级协管员作用，将合格证制度告知书、明白纸发放给辖区内所有种植养殖生产者，做好对食用农产品生产企业、农民专业合作社、家庭农场等开具主体的指导服务，推动合格证制度全面试行。组织开展合格证制度大培训，实现试行主体全覆盖，确保合格证填写规范、信息完整、真实有效。

3. 强化监督检查

合格证制度试行方案要求各地农业农村部门要将开具并出具合格证纳入日常巡查检查内容，既要检查种植养殖生产者是否按要求开具并出具合格证，也要核查合格证的真实性，严防虚假开具合格证、承诺与抽检结果不符等行为。对于虚假开具合格证的，要纳入信用管理。对于承诺合格而抽检不合格的农产品，要依法严肃查处，同时帮助种植养殖生产者查找原因、整改问题。要通过合格证制度的试行，做好与《食用农产品市场销售质量安全监督管理办法》实施的工作衔接。

九、合格证制度的试行要求

1. 试行区域坚持全国统一

从前期六省试点情况看，大家普遍反映农产品买全国、卖全国，很多都是跨省交易，在全国范围整体推进，才会有更好的效果。因此合格证制度试行在区域上要求全国"一盘棋"，在全国范围内统一试行，统一合格证基本样式，统一试行品类，统一监督管理，实现在全国范围内通查通识。此次试行要求地方不能再找部分县市搞小范围"点试"，且要求国家农产品质量安全县要率先试行。此外，试行过程中鼓励各地根据实际，探索行之有效的推进办法。

2. 试行产品上坚持突出重点

在试行品类上，考虑农产品的分类存在一定的复杂性，如粮食、牛奶等农产品已经有较完善且相对独立的管理制度，而如食用菌、蜂蜜等农产品消费量较小，同步实施合格证较难管理。因此全国试行选择消费量大、风险隐患高的"菜篮子"农产品，即蔬菜、水果、畜禽、禽蛋和养殖水产品先行开展试行。边试行、边改进，取得经验后逐步放大。在这五大类产品作为试行的基本要求，也有很多地方在此基础上自行增加了试行品类，如食用菌、茶叶等。

3. 试行主体上坚持逐步带动

合格证制度的管理对象应该为全体农产品生产经营主体，但是由于《全国试行食用农产品合格证的实施方案》是由农业农村部单独发文，无法约束农产品交易市场开办者、入市销售者等市场主体的行为，因此在试行方案中仅对生产主体实施合格证制度进行了要求。不过在制度试行过程中，地方农业农村部门和市场监管部门均意识到合格证制度需要基于农产品全供应链条实施，因此 2020 年全国各省级农业农村部门均与市场监管部门联合发文推动合格证制度或合格证与市场准入的衔接。另外，合格证试行也未对所有生产主体做强制要求，而是重点抓生产企业、合作社、家庭农场，同时鼓励小农户开展试行，这也是考虑小农户对新制度的适应性相对较差，因此在试行过程中由监管部门积极引导、其他主体示范带动，逐步过渡到小农户。

4. 安全指标上坚持聚焦药残

合格证聚焦的是农产品质量安全的底线要求，其合格指的是农药兽药残留的安全合格，重点要求生产主体不使用禁用农药兽药、停用兽药和非法添加物，上市农产品符合农药安全间隔期、兽药休药期规定，这些安全指标是生产主体可以自律控制的，也是目前农产品质量安全监管工作的重点。其他如重金属、生物毒素等指标，受到环境等客观因素影响大，不在合格证试行的范围内。而如品质、营养等质量指标不在法定达标合格的考虑范围内，应通过市场机制进行调节。

第三章

合格证制度试行情况与有关研究

2020 年是食用农产品合格证制度全国试行的第一年，各地积极推进，制度试行已取得阶段性成效。总的来说，合格证已被生产者广泛接受，在农产品质量安全监管中发挥了重要作用，在农产品流通交易中逐渐建立了不可替代的地位。本章将介绍合格证制度试行的有关情况，并对制度试行以来的有关数据进行分析解剖，深入解读合格证制度的实施效果及推行状况。

一、制度试行总体情况

2020 年，全国 2 760 个县开展了合格证试行工作，覆盖率达到全国县级行政区划的 96.8%，涉农县覆盖率达 100%。全年开具合格证 2.2 亿张，其中约 20.4% 由地方农业农村部门免费发放空白合格证模板供生产主体开具，79.6% 由生产主体自行通过打印、印刷等方式开具，全年带证上市农产品 4 670.5 万吨。截至 2021 年 4 月，全国已有 30.6 万生产企业、合作社、家庭农场实施了合格证制度，其中实施合格证的生产企业 7.3 万个、合作社 12.2 万个、家庭农场 11.1 万个，29.0 万小农户也参与了合格证制度试行。此外，全国举办培训班 1.1 万场次，培训人员 94 万人次，其中生产经营主体超过 65 万人次。

各省份已基本形成了思想统一、目标明确、行动有力的工作推进形势，合格证也得到了农产品生产经营者的普遍认可和社会消费者的广泛关注。推行合格证制度期间，各地农业农村部门广泛开展宣传，越来越多的消费者知晓、了解合格证制度。2020 年，央视网、人民网、新华网、中国网等主流媒体以及各地方、行业媒体对深化推进合格证制度进行了大量的报道，全年媒体报道万余条。福建省与永辉超市等知名超市联动，在商超设立合格证农产品专区，专区产品供不应求。新疆阿克苏地区的亿家汇好超市，通过推广合格证制度，销售的农产品品质明显提升，塑造了超市新形象，更提高了营业收入。合格证制度逐渐深入人心，正逐步推动形成农产品质量安全的社会共治新格局。

二、制度试行数据分析

1. 县级行政单位实施合格证制度情况

县级行政单位是合格证制度实施推动的基本单位和重要力量，自合格证制度开始全国试行以来，全国各县积极行动，相继指定、印发了县级实施方案。

如图 3-1 所示，截至 2021 年 4 月，全国已有 2 760 个县级行政单位指定了合格证制度实施方案，开始实施了合格证制度。占全国所有县级行政单位数量的 96.8%，其中所有涉农县均开始实施了合格证制度。一些县级行政单位没有单独印发合格证实施方案的原因主要是非涉农，没有农产品生产活动，且不存在产地农产品市场，在这种情况下该地区基本不涉及合格证制度试行工作，有特殊情况的也可根据上级农业农村部门印发合格证制度实施方案要求开展工作。因此从全国整体情况上来看，可以说合格证制度在县级层面上已经基本实现了全面覆盖。

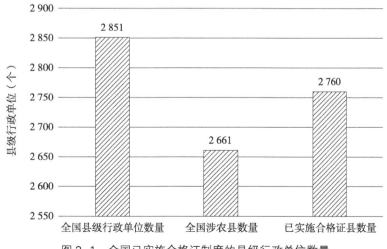

图 3-1　全国已实施合格证制度的县级行政单位数量

2. 生产主体实施合格证制度情况

合格证制度全国试行方案要求，3类新型农业经营主体（即农产品生产企业、合作社、家庭农场）需按方案要求开具并使用合格证，同时鼓励小农户参与试行。从调查数据上看，各省均在积极落实实施方案要求，同时也纳入了大量小农户开展合格证制度。

如图3-2所示，截至2021年4月，全国已有59.54万家农产品生产主体实施了合格证制度，其中3类新型经营主体30.57万家，占比51.34%；小农户28.97万家，占比48.66%。可以看出，虽然全国试行方案没有强制要求小农户参与试行，但是在实际工作中，已有较多小农户开始实施了合格证制度。此外，由于政府部门对小农户实施合格证的数据统计属于自愿性统计，存在一些地方未调度统计小农户实施合格证制度数据的情况，例如内蒙古、河南、广西、陕西等地均未统计，已做统计的地区也多为不完全统计。因此已经实施合格证制度小农户的实际数量要大于28.97万家。如图3-3所示，新型农业经营主体中，已实施合格证制度的生产企业、合作社、家庭农场分别占比23.8%、36.2%和40.0%，3种主体在实施数量上相对平均。

如图3-4所示，虽然全国各地均实施了合格证制度，但在制度的推进程度上，不同的省份仍然存在较大的差距。在已实施制度的新型农业经营主体主体数量上，四川省达到6.7万家，河北省达到3.2万家，超出其他省份较多，全国仅四川、河北、浙江、福建、山东、河南、广东、安徽、湖南9个

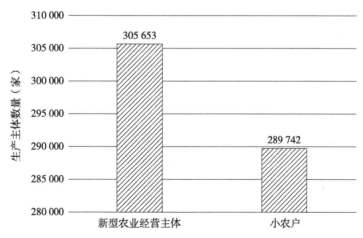

图3-2 全国已实施合格证制度的农产品生产主体数量

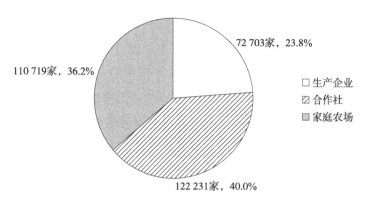

图 3–3　全国已实施合格证制度的 3 类新型经营主体数量及占比

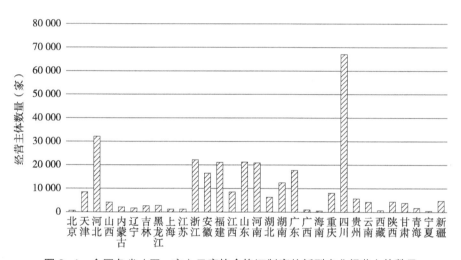

图 3–4　全国各省（区、市）已实施合格证制度的新型农业经营主体数量

省份已实施制度的新型农业经营主体数量超出了全国平均数，由此可见，全国推行合格证制度仍存在进度不均衡的问题，部分省份在主体覆盖率上仍有较大差距。

3.合格证开具情况

合格证开具张数是评价制度实施情况的一项直观指标，虽然全国试行方案要求合格证的开具可以一车一证或一批一证，合格证开具张数的多寡不能完全代表主体或地区实施合格证制度的进度程度，但是合格证开具张数仍有较高的参考价值。此外，带证上市农产品的数量（重量）也能直观反应主体或地区实施合格证制度的基本情况。

　　如图 3-5 所示，2021 年 1—4 月，全国共开具合格证 3 861 万张，其中四川省开具 1 235 万张，占总体的 32.0%。从全国开具合格证的情况可以看出，在合格证开具张数上，各地依然存在不平衡的现象。图 3-6 为 2021 年 1—4 月各地平均每个新型农业经营主体开具合格证的张数，从图中可以看出，北京、吉林、上海、江苏、湖南、宁夏等地平均每个主体开具合格证张数超过 300 张，但全国总体上看平均每个主体开具合格证张数小于 100 张的省份居多，总体来看，多数主体应是采用了一批一证、一车一证等方式开具合格证，北京、上海、江苏等经济较发达地区以小包装产品为单位开具合格证的生产主体比例明显高于其他地区。

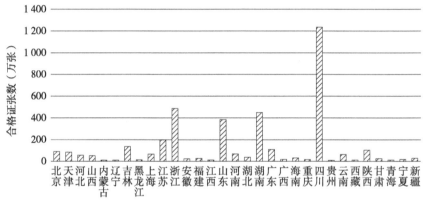

图 3-5　全国各省（区、市）生产主体开具合格证张数

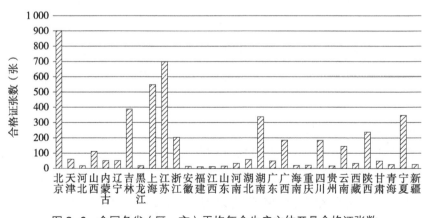

图 3-6　全国各省（区、市）平均每个生产主体开具合格证张数

图 3-7 为各地通过政府发放合格证模板开具的合格证占总开具张数的百分比，从图中可以看出，天津、河北等 11 个省（市）通过政府发放合格证模板开具的合格证占比达到或超过了 40%，北京、上海等 7 个省（市）占比低于 10%。从整体上看，绝大多数省份均通过政府发放免费合格证模板的形式提升了合格证制度在生产主体中的覆盖率，也反映出目前合格证全国试行仍处于初期阶段，需要政府部门为生产主体提供较多的指导服务。

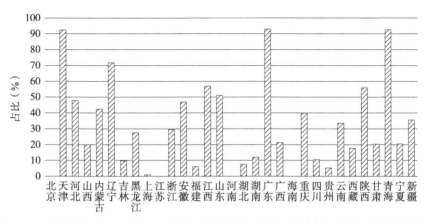

图 3-7　全国各省（区、市）通过政府发放合格证模板开具合格证占总开具张数比例

从全国合格证制度实施的总体情况调查研究中可以得出以下结论。一是目前合格证制度试行已取得阶段性成效，全国各地均积极行动，着力推行合格证制度，合格证已经开始被广大生产主体所接受。二是目前合格证制度试行工作仍存在地域上、主体上不均衡的问题，一些地方进展较快，而一些地方还需进一步加强，提高主体的覆盖率和开证率。三是合格证试行工作正处于初级阶段，需要政府部门在制度实施、指导服务、社会宣传等方面持续发力。

三、制度试行阶段性成效

1. 承载产品流通"健康码"，助力了疫情防控

新冠肺炎疫情防控期间，各地对上市农产品质量安全非常关注，要求提供合格证明材料，农产品生产企业、合作社、家庭农场对开具合格证需求快速增长。实践证明，合格证制度是疫情防控特殊时期既减少人员接触又压实主体责任的有效手段。同时，随着疫情防控工作的深入，对农产品产地、流

通信息的掌握成为疫情防控的一项重点，合格证既有主体信息，也有承诺合格信息，既是上市农产品的"行程码""健康码"，也是农产品安全流通的绿色通行证。疫情防控期间（2020年2—4月），全国累计开具合格证876.1万张，带证上市农产品546.5万吨，其中捐赠湖北的农产品23.4万吨，为疫情期间农产品安全快速供应和产地溯源提供了有效保障。

2. 亮明上市产品"身份证"，完善了监管制度

深化推进合格证制度，建立健全了生产主体名录，将监管重心从后端检测前移到生产过程指导和服务，完成了从产品监管到主体监管的转变；将监管机制从"三前""三后"的两段式分离改变为以合格证为载体的准出准入衔接，促进了从分段监管到全程监管的转变；将监管对象从原先的生产企业、合作社逐步扩大纳入农户、收购商等主体，推动实现了监管对象全覆盖。同时，合格证制度也给监管部门提出了更高的工作要求，2020年，全国共组织带证农产品监督抽查11.8万批次、快速检测331.2万批次，合格率超过99.9%，对开证主体开展巡查检查91.4万次，暗查暗访、飞行检查1.3万次。对发现的生产记录不规范、质量安全控制措施不到位等问题，迅速督促整改落实，真正提升了监管效能。

3. 形成生产主体"承诺书"，压实了主体责任

合格证制度要求主体对自己的用药行为负责，对上市农产品质量安全负责。主体开具合格证不能是空口无凭，必须在生产过程中严格遵守农产品质量安全基本控制要求，并自行实施内部质量控制管理。通过深化推进合格证制度，各地农产品生产主体的质量安全意识明显提高，标准化生产水平明显上升，内部质量控制和自检能力明显增强，2020年上半年部省两级均组织开展了带证农产品抽样检测，合格率达到99%。浙江、福建、山东等11个省份鼓励有条件的生产主体开具电子合格证，许多规模主体在合格证管理的基础上，自行实施质量安全智慧化信息化管控。顺丰公司和华测检测公司以合格证制度为契机，联合开展全产业链质量提升项目，利用智慧化的技术手段，将合格证管理贯穿标准化生产、流通物流、产品溯源、安全保障等全链条，全面提升农业的智能化、信息化以及质量安全水平。

4. 建立市场准入"入场券"，畅通了全程监管

合格证制度是衔接产地准出与市场准入的关键载体，在全国试行合格证制度期间，可以看到农业农村部门在逐步强化与市场监管部门的协同作战，真正使两部门的工作形成合力。2020年，29个省（市）的农业农村部门与市场监管部门共同发文，建立了省级联合推进机制，25个省（市）明确将合格证作为市场准入的条件之一，初步构建了从农田到市场的全链条监管。北京新发地、江苏凌家塘等6个大型农产品批发市场建立入市环节索要查看合格证试点，从监管链条的终端向前端倒逼，带动区域内生产经营者实施合格证制度，打通农产品流通中的信息链条、责任链条和监管链条。

5. 打造质量安全"新名片"，促进了农民增收

合格证具有实施成本低、收益可提升两大优势，无论是规模企业抑或合作社等主体都表现出了很高的积极性和主动性。在成本上，合格证实施成本易控，既可通过印刷或蓝牙打印机快速出具，也可直接手写开具。江苏省常州市在乡镇、村级服务站布设合格证开具服务机，小农户自助开具无须额外成本。在收益上，经调查，开证主体均表示合格证有益于自身的品牌建设和宣传，带证上市的品牌农产品溢价率平均在10%左右。例如，四川省鹤仙农牧发展有限公司的"酷啦啦"鸡蛋在使用合格证后，年销售额增加60万元；辽宁省丹东市圣野浆果专业合作社借助合格证制度管理，社员从6户发展至157户，带证草莓售价平均每千克提高2元钱，直接增加了合作社的效益和成员农户的收益。

四、合格证开具成本分析

针对"使用打印机直接打印合格证""印刷空白模板后打印或填写合格证""通过信息化平台打印合格证""使用智能机等专用设备打印合格证""直接于农产品包装上印刷合格证"5种合格证开具方式，调查分析合格证开具的一次性成本和持续性成本，其中一次性成本包括设备成本和制版成本，持续性成本包括纸张成本、印刷成本和油墨成本。成本计算时仅计算开具合格证必要的成本增量。

1. 使用打印机直接打印合格证的成本构成

该模式技术门槛最低，操作最为简便，适合开具合格证数量较少的情况。很多生产主体在初次开具合格证时都会采用这种模式，特别是对于个体农户，

该模式随用随开，无须事先投入较多成本。

如表 3-1 所示，以该模式开具合格证，其一次性投入为 3 000～7 000 元，即打印合格证所需购置的电脑和打印机，多数生产主体本身就配备了上述设备，则无须再进行重复投入。持续性成本包括纸张和打印所需的油墨，单张合格证成本为 0.017～0.055 元。

表 3-1　使用打印机直接打印合格证的开具成本构成

项　目	一次性投入（元）	单张合格证成本（元）
设备费	0 或 3 000～7 000	—
制版费	—	—
纸张费	—	0.009～0.020
印刷费	—	—
油墨费	—	0.008～0.035
总　计	0 或 3 000～7 000	0.017～0.055

2. 印刷空白模板后打印或填写合格证的成本构成

该模式易于操作，合格证样式、设计、材质的灵活性很高，应用比较广泛，适用于合格证开具量较大的生产主体。

如表 3-2 所示，以该模式开具合格证，生产企业印刷空白模板后，可以选择打印或填写合格证，因此电脑和打印机的设备投入不是必要的，但首次印刷需承担制版费用。单张合格证模板成本的高低主要取决于单批印制数量、印制颜色和纸张种类。特别是在纸张种类上，生产者可以选择价格低廉、方便手写，但纸张较薄的双联复写纸；价格灵活、印刷效果好的各类铜版纸；价格相对较高、印刷效果好、使用方便的不干胶贴纸等。此外，该模式可由生产主体所在地区的农业农村行政主管部门统一印制合格证空白模板，发放给生产者填写使用。由政府部门发放合格证模板可将生产者承担的合格证开具成本降至最低，生产者仅需投入设备费和油墨费，甚至可以不承担任何成本。根据农业农村部农产品质量安全监管司的统计数据，目前全国约有30%的合格证由政府部门印制后免费提供。

表 3-2 印刷空白模板后打印或填写合格证的开具成本构成

项 目	一次性投入（元）	单张合格证成本（元）
设备费	0 或 3 000～7 000	—
制版费	200～500	—
纸张费	—	0.010～0.088
印刷费	—	
油墨费	—	0 或 0.008～0.035
总 计	200～500 或 3 200～7 500	0.010～0.123

3. 利用信息化平台打印合格证的成本构成

该模式在操作和成本构成上基本等同于模式一和模式二，不同的是在打印合格证之前需使用信息化平台录入合格证信息后打印输出，运用信息化手段开具合格证，便于农产品质量安全标准化、动态化管理，亦可有效记录合格证开具信息，有利于产品的信息化追溯，适用于各类新型农业主体。

如表 3-3 所示，该模式必须使用电脑和打印设备链接相关的信息化平台，但合格证纸张可以是空白的也可以是提前印刷的模板，因此更加灵活。与模式二同理，该模式也可由政府部门印制合格证模板并免费提供生产主体使用，同时开具合格证所需的信息系统通常使用该地区现有的信息化监管、追溯、信用等系统，无须生产主体投入任何费用。

表 3-3 通过信息化平台打印合格证的开具成本构成

项 目	一次性投入（元）	单张合格证成本（元）
设备费	0 或 3 000～7 000	—
制版费	0 或 200～500	—
纸张费	—	0.009～0.088
印刷费	—	—
油墨费	—	0.008～0.035
总 计	0 或 200～500 或 3 200～7 500	0.017～0.123

4. 使用智能机等专用设备打印合格证的成本构成

合格证智能机是一类专用于开具合格证的设备，该模式前期的一次性投入较高，但优势明显，智能机操作快速、便捷、随开随用，可记录合格证开具信息，部分智能机集成了农药、兽药残留快速检测功能，检测结果将直接体现在合格证上，一目了然，适用于各类新型农业主体。

如表 3-4 所示，通常购置一套智能机和匹配的打印机需 3 000 元，集成快速检测和打印等功能的一体化智能机则需 1.2 万～1.6 万元。智能机等专用设备的耗材较为单一，单张合格证的开具成本为 0.045～0.080 元。

表 3-4　使用智能机等专用设备打印合格证的开具成本构成

项　目	一次性投入（元）	单张合格证成本（元）
设备费	3 000～16 000	—
制版费	—	—
纸张费	—	0.035～0.050
印刷费	—	
油墨费	—	0.010～0.030
总　计	3 000～16 000	0.045～0.080

5. 直接于农产品包装上印刷合格证的成本构成

该模式开具合格证的额外操作和成本均为最低，但仅适用于本身就有印制包装的农产品。

如表 3-5 所示，部分生产主体已经建立了较成熟的包装标识管理，其生产的农产品经包装或者附加标识后方销售，此类主体在实施合格证管理时，可直接于包装上加印合格证信息，仅首次印刷时需承担重新制版的成本，其余成本均无增加。

表 3-5　直接于农产品包装上印刷合格证的开具成本构成

项　目	一次性投入（元）	单张合格证成本（元）
设备费	—	—
制版费	200～500	—
纸张费	—	—
印刷费	—	—
油墨费	—	—
总　计	200～500	0

　　综上分析显示，5 种合格证开具方式的开具成本均可控制在每张 0.1 元以下，除使用智能机等专用设备打印合格证的一次性投入相对较高外，其他 4 种模式的一次性投入较低，如生产主体已拥有电脑和打印机，则 4 种模式下开具合格证的一次性成本投入可控制在 500 元以下。绝大多数生产者并不在意开具成本，而是更关注使用的效果，一些规模主体更希望通过美化合格证设计、增加合格证上的相关信息，向采购商或消费者传递自身的安全控制能力和农产品品牌形象。

第四章

合格证制度新阶段的新要求

　　2021年，中央一号文件正式印发，要求"推行食用农产品达标合格证制度"。为落实中央一号文件精神，农业农村部召开了全国农业农村厅局长会议和农产品质量安全监管工作视频会议，对合格证的"达标"做出了进一步的部署和具体要求。"达标"这一新的提法，标志着合格证制度全国试行迈入了"深化推进、达标提升"的新阶段。本章从制度研究的角度对如何在新阶段推动合格证达标和巩固提升进行介绍，并进一步提出创新推动，实现合格证制度"两个达标"的新举措。

一、新要求的提出

　　2021年《中共中央 国务院关于全面推进乡村振兴加快农业农村现代化的意见》（即中央一号文件），重点围绕全面推进乡村振兴、加快农业农村现代化，对"三农"工作做出全面部署。围绕"加快推进农业现代化"，文件提出要推进农业绿色发展，加强农产品质量和食品安全监管，发展绿色农产品、有机农产品和地理标志农产品，试行食用农产品达标合格证制度，推进国家农产品质量安全县创建。这是中央一号文件首次强调食用农产品合格证制度，同时提出"达标"这一明确要求，在中央层面对合格证制度试行的下一阶段工作指明了方向。

　　2020年12月30日，农业农村部召开全国农业农村厅局长会议，就"十四五"任务举措和2021年重点工作做出了重要部署，强调"十四五"农业农村工作要按照"保供固安全，振兴畅循环"的定位思路，把握好重点目标任务和支撑保障。会议强调，新发展阶段要实现农产品高质量保供，不仅要保总量、保多样，更要保质量，要把保质量作为顺应人民对美好生活新期待的重要任务，抓好两个"三品一标"。推行食用农产品达标合格证制度，即是两个"三品一标"中的一标。

2021 年 1 月 29 日，农业农村部召开农产品质量安全监管工作视频会议，会议进一步解读了两个"三品一标"的工作要求：生产方式上，要大力推进品种培优、品质提升、品牌打造和标准化生产；产品上，要大力发展绿色、有机、地理标志农产品，推行食用农产品达标合格证制度。2021 年要大力推行合格证制度的实施，重点从"巩固、达标、提升"3 个方面发力，明确了合格证制度深化推进的具体要求。

二、解读两个"达标"

在合格证制度实施中，"达标"既是一个新的提法，也是新的要求。合格证绝不是一张纸片，要提升含金量，实现两个"达标"，一个是生产过程落实质量安全控制措施，另一个是带证上市农产品要符合国家食品安全标准。总体来看，一方面"产出来"要达标，即聚焦生产主体如何在生产行为、质量安全和承诺标识上实现达标；另一方面"管出来"也要达标，即聚焦监管部门如何通过过程监管、结果验证和信用管理保障达标。

（一）生产主体要主动达标

1. 行为达标

合格证中的"合格"，是生产主体在自控自检基础上的自我承诺，是以按标生产为依据的，而不是空口无凭。2020 年 11 月，农业农村部农产品质量安全监管司印发《农产品生产主体质量安全控制基本要求（试行）》（以下简称《基本要求》），针对食用农产品生产企业、农民专业合作社、家庭农场，以及种养大户、小农户的生产行为分别提出了质量安全控制要求。《基本要求》是生产主体确保农产品达标的必要条件，生产主体应尽知尽会、严格遵守，从源头保障农产品质量安全达标。

2. 安全达标

合格证聚焦的是农产品质量安全的底线要求，其合格达标为安全达标，重点要求生产主体不使用禁用农药兽药、停用兽药和非法添加物，上市农产品符合农药安全间隔期、兽药休药期规定，这些安全指标是生产主体可以自律控制的。其他诸如品质、营养等质量指标均不在法定达标合格的考虑范围内，应通过市场机制进行调节。

3. 承诺达标

承诺是达标合格的实现方式之一，是易操作、可推广的有效途径。合格证涵盖的安全指标是生产主体自律可控的，生产主体有能力和条件承诺其生产的农产品符合国家食品安全标准，其承诺也具备法律效力。对于有条件的生产主体，鼓励开展快速检测验证，特别是生产企业、合作社，应按《中华人民共和国农产品质量安全法》的要求开展自检或委托检测，保障农产品安全合格。

（二）监管部门要督导达标

1. 过程达标

过程达标就是确保生产行为合法合规。监管部门应通过加强过程指导和日常检查，来压实主体责任。2020 年，在合格证试行初期，监管部门主要是指导生产主体开具和应用合格证。2021 年，应重点指导生产主体严格按标生产，督促生产主体遵守法律法规和质量安全基本控制要求，通过强化日常巡查检查的方式，摸清辖区内主体的生产和自控自检情况，进一步确保生产过程的达标。

2. 结果达标

结果达标的目的就是通过检验检测，验证带证上市的农产品是否符合国家食品安全标准。目前，合格证制度的实施正处于数量上的快速增长期，每个月都有新增主体陆续实施合格证制度。这更需要监管部门把好监督关，针对带证农产品有计划地开展"双随机"的风险监测和问题导向的监督抽查，确保上市农产品合格。

3. 诚信达标

诚信达标就是要确保合格证的信息真实，承诺主体应对农产品质量安全负责。实践证明，推动合格证开具和管理的信息化，推行实名注册登记，能够有效规避虚假、冒名开具的风险，进而提升生产主体的诚信意识。鼓励有条件的农产品生产企业、合作社、家庭农场等生产主体实施合格证信息化管理，农业农村部门应制定相关的支持政策。

三、巩固提升新举措

合格证制度试行一年多来，各地农业农村部门与市场监管部门陆续联合发文，建立了协同推进机制，全国涉农县均开展了合格证试行工作，生产主体覆盖率已达35%以上。下一步，要继续巩固实施进展，探索推进新的举措，应重点从完善主体库、构建评价机制、提高市场占有率3个角度发力。

1. 完善主体库，提高覆盖率

生产主体库是落实合格证制度的基础。2020年，各省均建立了生产主体库，但在实际工作中，仍存在名录不全面、信息不准确、更新不及时等问题。为此，要加快推动建立电子化的主体库，更好地服务于实际工作。同时探索推行生产主体备案制度，由生产主体主动备案，并且定期自行更新信息，监管部门可对未及时未更新信息的主体，进行重点巡查检查，形成主体信息动态管理的长效机制。此外，要积极鼓励小农户实施合格证制度，探索适合小农户的实施模式，提高实施主体的覆盖率，逐步实现合格证的应开尽开。

2. 统一标尺，完善绩效评价

完善工作绩效评价是深化合格证制度的关键。2020年各省按月调度了辖区内合格证制度实施的进展数据，统筹有序推进。但在实际工作中，遇到了数据统计口径不统一、工作评价规范不明确等问题，亟待规范统计指标，构建评价机制。下一步，要加快制定数据采集规范，按行政区划和主体类别统计实施合格证制度的主体数量和产量；按产品类型和包装规格统计开具合格证的数量和销量；按照开具手段和达标方式统计开具合格证的数量。此外，要基于标准化数据统计，研究建立合格证实施绩效评价机制，结合实际情况对统计数据进行综合分析、建立评分模型，定期对各地合格证实施情况进行绩效评价和成效排序，激励各地进一步深化推进合格证制度实施。

3. 强化宣传推广，提高市场占有率

提高市场占有率是增强合格证制度实效的标志。合格证制度实施能否取

得实效，重点在于让农产品带证入市成为常态，让选购带证农产品成为习惯。2021年应着力提升带证农产品在市场上的占有率，加大宣传推广，扩大合格证的知晓率和美誉度，畅通带证农产品销售渠道，创造带证农产品销售收益增长的良好氛围。消费者越认可、市场越需要，生产主体就越主动，切实形成合格证的开具、使用闭环，提高农产品质量安全整体水平。

食用农产品合格证制度实施指南

案例篇

第五章

种植业主体实施合格证制度实践案例

在全国试行食用农产品合格证制度方案要求试行品类中，种植业产品包括蔬菜和水果，从全国试行情况看，已经启动实施合格证制度的种植业主体数量最多。这是因为种植业主体数量多、分布广，且合作社、家庭农场、个体农户均以种植业为主。在制度试行过程中，除全国统一要求试行的蔬菜、水果外，许多地方也根据实际情况，适当扩大了种植业产品的试行范围，如食用菌、粮食等，均取得了良好的效果。本章在全国范围内收集、筛选了23个种植业主体实施合格证制度的典型案例经验，供读者参考借鉴。

一、数字赋能农产品质量安全 "农安码合格证"助力企业良性发展

——浙江省杭州市余杭区杭州湾里塘莲藕专业合作社

（一）专业合作社基本情况

杭州湾里塘莲藕专业合作社（以下简称湾里塘）位于余杭区崇贤街道沾桥村，现有社员152人，种植面积2 680亩（1亩≈667平方米），同时开展生产、收购和销售，农产品以莲藕、慈姑等水生作物为主，与周边120户非社员农户建立良好合作，示范带动种植面积5 000亩，帮助农户人均增收1.5万元。

（二）推行食用农产品合格证具体措施

1. 数字化管理，赋能安全管控

"农安码"是按照统一编码规则为每个主体配置的唯一性二维码（图5-1-1），业主可通过"农安码"数字平台（以下简称平台）开展企业内部的日常数字

化管理并接受区农业农村局数字化监管。湾里塘在购买农资时，出示"农安码"扫码实名购买，购买信息实时上传平台，企业内部投入品电子台账也会即时更新。在日常生产管理时，生产管理人员也要将施肥、用药、检测、采收等信息录入平台，形成内部生产数字化管理。

图 5-1-1 "农安码信息卡"正反面

2. 数字化收购，打造全链条追溯

农产品生产经营主体之间通过"农安码"开展数字化收购交易，形成了完整的追溯信息链。湾里塘与沾桥村的多个小农户建立固定合作关系，收购时通过扫描"农安码"，输入收购的产品和数量，收购信息实时保存到平台，形成电子化收购交易台账，为追究主体责任提供电子证据，在生产者、销售者和消费者之间建立起安全公正的桥梁（图 5-1-2）。

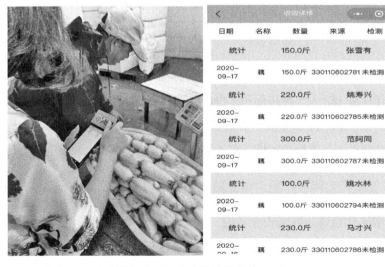

图 5-1-2 扫码收购及收购记录

3. 全区一盘棋，实行闭环式管理

湾里塘可凭"农安码"到所在街道免费申领空白"农安码合格证"，再用微信小程序扫码自主开证。平均每天用微信小程序扫码启用"农安码合格证"1 000份以上，操作方便、省时省力。在进入批发或农贸市场时，按照"刷码进场，亮码销售"的要求，湾里塘出示"农安码合格证"进场销售，形成了"农安码合格证"登记、发放、使用、统计等闭环式管理全区一盘棋（图5-1-3）。

图5-1-3　申领"农安码合格证"（左）、"农安码合格证"（中）、
"农安码合格证"信息（右）

（三）推行行合格证制度的成效

1. 数字赋能质量安全

湾里塘通过"农安码"管理平台，数字化不仅提高了生产管理效率，而且在平台的引导下建立了规范的内部质量管理制度，大大提高了安全生产水平。对于监管人员而言，通过手机App扫描湾里塘的"农安码"开展数字化日常监管，检查结果即时上传，下基地开展工作事半功倍，实现了农产品质量安全智慧监管。

2. 帮助构建安全桥梁

湾里塘自从使用扫"农安码"进行数字化收购后，追溯信息促使安全责任

层层倒逼，有效降低生产收购企业与农户之间的安全责任风险。现如今，湾里塘有近 50% 的农产品是从非社员农户手中收购而来，逐渐带动周边农户按照湾里塘的要求进行规范化标准化生产，帮助农户增产增收，影响力也越来越大。

3. 助力打开销售渠道

余杭"农安码合格证"具备投入品管理、生产过程记录、产品合格追溯等功能，统一制作、免费发放、规范使用，降低了企业成本，便于推广使用，提高了农产品市场竞争力。湾里塘在使用"农安码合格证"后，凭借规范的生产管理、可靠的品质把控、完整的追溯信息等特点，不断拓展市场销售渠道，农产品在物美、三江、盒马等大型商超和叮咚买菜等线上销售平台供不应求，2019 年销售量近万吨，产值 4 150 万元，体现出"安全"是农产品最核心的品牌价值。

二、合格证赋予每一颗"甜蜜果"舌尖上的安全感

——福建省寿宁县臻锌园葡萄专业合作社

（一）生产主体基本情况

寿宁县臻锌园葡萄专业合作社，成立于 2014 年 8 月，注册资金 2 000 万元，现有社员 137 人，其中精准扶贫户 17 户。合作社拥有设施农业温室大棚葡萄近 1 200 亩，所注册商标"老耕农"获国家绿色食品标志认证。合作社注重葡萄产品质量安全，为每一颗出库葡萄附上专属"身份证"，让消费者了解农产品从生产到销售的全过程信息，实现"明白消费、吃得放心"。

（二）食用农产品合格证试行具体措施

1. 建立机制，通过常态管理换取长期效益

（1）实行专人负责。合作社成立农产品质量安全工作组，设组长一名，植保员两名，内检员两名，成员若干名，并明确职责。同时，在合格证信息录入、葡萄出入库管理等各项工作环节均配备专人负责，确保各项任务都有人做、知道怎么做、怎么做好。

（2）实行源头管控。合作社于 2017 年成立农资经营部（店），在实现统一供苗和统一技术指导的基础上，实现统一物资供给。药品、肥料通过正规

农资生产厂家公开采购，从源头开始管控。

（3）实行相互监督。树立社员间相互监督、自觉维护意识，进一步保障农产品质量。规定每位社员都有义务监督好"隔壁或邻居"的葡萄园，杜绝乱用农药、滥用肥料。

（4）实行责任追究。合作社规定社员入社前必须签订农产品质量安全承诺书，并要求社员配合做好农产品送检、抽检工作。合作社农产品实行快速检测，葡萄园区全覆盖，发现问题，及时寻找原因，若是因为社员问题将进行通报，合作社将不再收购该种植户的农产品，情节严重将按程序进行退社处理（图 5-2-1、图 5-2-2、图 5-2-3）。

图 5-2-1　合作社葡萄贴标销售

图 5-2-2　社员开展农残检测

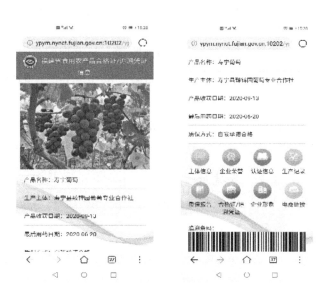

图 5-2-3　食用农产品合格证 / 追溯凭证信息

2. 明确标准，通过宣传培训提升社员素质

（1）树立农产品质量安全意识。合作社在社员大会、社员代表大会、理事会议上强调农产品质量安全，并印制《农产品质量安全手册》进行发放。同时，合作社邀请专家实地开展技术和产品质量安全建设等培训，组织社员参加各级农业农村部门技术和农产品质量安全建设培训，通过正反面案例分析，帮助社员树立农产品质量安全意识。

（2）因地制宜选择学习方式。利用微信等网络平台，及时共享学习材料，并鼓励社员"打卡"。例如，打印"闽农追溯"App 手册，并按照食用农产品合格证制度要求填写上传"企业介绍、认证信息、主体形象、电商链接"等信息，将具体操作方法截屏后，制作成 PPT 发到微信群，供传授学习。

（3）把合格证制度作为重点学习内容。合作社组织全体社员学习合格证与一品一码追溯并行制度，让所有种植户了解落实并行制度的要求。通过现场演示、后期联系跟踪指导等方式，让所有种植户学会如何生成合格证 / 追溯凭证，为每颗葡萄附上"身份证"（图 5-2-4）。

3. 改变思维，通过赋码出证奔向"钱"程

（1）规范生产记录。由植保员、内检员负责，在每次开展生产活动后，

福建省食用农产品合格证/追溯凭证

（种植养殖环节）

交易码

NO: FJ9000 0097 8685

追溯码（条码）	(91)03156012570037(11)200919			追溯码（二维码）	
生产单位（盖章）	寿宁县臻锌园葡萄专业合作社	联系人	张仙养	联系方式	13656940128
产品名称	寿宁葡萄	数量	3233.0公斤	质保方式	自我承诺合格
产地	宁德市寿宁县凤阳镇大石村瑞竹洋10号			收获时间	2020-09-19
购货方	武汉[illegible]批发市场	联系人	林[illegible]	联系方式	137[illegible]33

我承诺对农产品质量安全以及合格证/追溯凭证真实性负责：

☑ 不使用禁限用农药兽药和非法添加物

☑ 遵守农药安全间隔期、兽药休药期规定

第一联 购货方保存或批发市场进场凭证（共二联）

注：1. 购货方不明确的，购货方相关信息可不填写。

2. "质保方式"指自检合格、委托检测合格、内部控制合格、承诺合格等合格中的一种或多种。

图 5-2-4 合作社开具的食用农产品合格证 / 追溯凭证样式

均能将育苗、种植和病虫害发生以及用药等情况逐项做好数据记录，装订成册，并做好分析和总结。

（2）严把出入库管理关。合作社认真做好入库商品的采收地块和数量信息确认登记，检查好物品的规格、质量，做到出处、数量、规格准确无误，质量完好，配套齐全。同时，严格执行出库登记，无合格证、内容填写不准确、数目有涂改痕迹等均不发货，及时核对修改完善，保障产品赋码信息的完整性。

（三）试行食用农产品合格证制度的成效

1. 获得市场准入"晋级卡"

2018 年 9 月南京众彩水果批发市场因合作社葡萄产品没有赋合格证明或追溯凭证，拒绝了产品进入平台销售。实行合格证与一品一码追溯并行制度后，合作社葡萄产品获得了"晋级卡"，顺利进入市场，效益明显提升。2020 年以来，每天向福州、厦门、泉州、温州、长沙、武汉等国内较大的水果批发市场各发货 1 车，日均销售量 40 多吨，日销售额 60 多万元，相比未赋码出证前日销售量增加近 10 吨，日均销售额提升 30%。

2. 获得品牌提升"信誉码"

合作社的合格证 / 追溯凭证整合"产品名称、合作社主体、绿标、商标、联系方式、微信公众号二维码"等信息，所附的码是多元素的"融合码"，既能实现赋码销售，又能提升合作社知名度。

3. 获得产品效益"加速码"

合作社对所产农产品进行统一"带证赋码"销售，通过定制专门的包装礼盒、印制有合格证与可追溯信息的包装筐，实现统一包装和统一销售。合作社葡萄在泉州、厦门、福州、温州等城市水果批发市场的批发部使用统一的包装后，市场上很多消费者、商贩、采购员均高度认可并指定用合作社包装的葡萄。2020年合作社产品共赋码5万张，63批次，1 124.6吨。"寿宁葡萄"赋码后，在长沙五星水果批发市场日均销量提升了1.2吨，并已扩展到武汉、杭州等水果批发市场和鲜丰、永辉等水果联盟超市。

三、合格证"A、B、C" 助"韭"香飘万里

——广西壮族自治区南宁市广西南宁金起桦农副产品加工有限公司

（一）生产主体基本情况

广西南宁金起桦农副产品加工有限公司（以下简称"金起桦有限公司"）成立于2014年1月，位于南宁市西乡塘区金陵镇隆宁街168号。金起桦有限公司是一个集"专业蔬菜种植、泡沫箱生产、制冰、冷藏、农副产品生产加工配送"于一体的综合性的农副产品生产企业。公司韭菜生产基地是以现代化产业种植为基础，拥有节本、低耗、省力的节水灌溉和水肥一体化管网，是一个高标准蔬菜基地、蔬菜标准园，基地面积共1 293亩，年产量9 690吨。

（二）食用农产品合格证试行具体措施

1. A、B、C证，三重关卡

南宁市根据从农田到市场的各方责任，推行食用农产品合格证A、B、C证，其中食用农产品合格证A证由食用农产品生产者开具，B证由食用农产品集中交易市场举办者开具，C证由食用农产品销售者开具。金起桦有限公司销售的韭菜暂时没有自己的品牌和零售渠道，主要以批发给各大农贸市场和超市为主，企业开具A证后，一方面给了购货商一个质量承诺保证，另一方面保护了购货商的购货渠道，特别是多源头购买，购货商可以在A证的基础上开具B证，而零售商可在B证的基础上开具C证，每一个环节都有质量

承诺，三重责任，三方把关（图 5-3-1、图 5-3-2）。

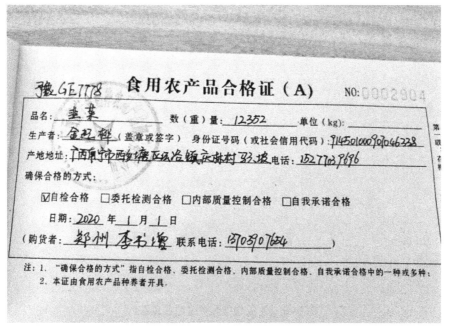

图 5-3-1　金起桦有限公司开具的使用农产品合格证（A）

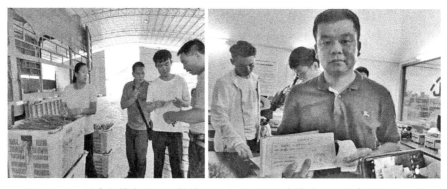

图 5-3-2　从金起桦有限公司基地开具 A 证到南宁市海吉星农贸市场开具 B 证

2. 绿色种植，科学管理

通过开具合格证，金起桦有限公司更加注重产品的质量安全管理，公司按照绿色食品的标准种植管理（图 5-3-3），通过员工培训、内部质控制度、统一采购农资、统一技术管理、监管农事记录和采收后做快速农残内检，来确保不合格的菜不出厂，也因为开始实施合格证，质量把控到位，2021 年，该公司已申请绿色食品认证，这更加加强了企业对产品质量的管理，提高了企业管理者的安全责任意识。

图 5-3-3　金起桦有限公司韭菜基地

3. 一车一检，保证质量

金起桦有限公司因需要开具合格证，开始内部运行所需的硬件和软件资源，并设立了新的内检员检验机制和任职。公司规定每销售一车，开具一张。韭菜从采收到送到加工厂，实验室检验员通过在加工厂现场随机采样后，进行农残快速检验，建立实验室快速检测，给企业增加内部把控质量的手段，同时给收购商一剂定心丸。

（三）试行食用农产品合格证制度的成效

1. 省外市场的敲门砖

金起桦有限公司在开具食用农产品合格证以前，韭菜销售主要以本地市场为主，自农业农村部全面试行合格证以后，各省市也开始全面推开试行，公司于 2019 年 12 月开始开具食用农产品合格证 A 证，合格证也成了该公司省外市场的敲门砖，销往省外的订单大幅增加。

2. 产品销售的点金石

金起桦有限公司在开具合格证前后对比，2019 年销售省外韭菜仅为

45 万斤（1 斤 =500 克），销售额 21.23 万元，到 2020 年 5 月，销售省外 95 万斤，金额 170.38 万元，销售额同比增长了 700%。相比往年，单价涨了许多，合格证成了公司产品销售的点金石。

3. 产品质量的保证卡

韭菜一直是消费者关注的"问题菜""高敏菜"，金起桦有限公司通过开具合格证后，严格把握用药剂量和安全间隔期，从生产源头上降低了韭菜质量安全的风险，真正做到了卖得放心，买得安心。

四、覆盖小农户　海口常年蔬菜全面推行合格证
——海南省海口市椰海叶菜联盟

（一）生产主体基本情况

海南蔬菜生产通常分为冬季瓜菜、常年蔬菜两大类。前者指冬春茬生产且多北运的瓜菜，出岛量占总生产量的 70% 以上；后者指能周年生产且以供应本地为主的蔬菜，常年基地多种植叶菜类蔬菜。

2019 年 9 月，在海口市政府、海口市农业农村局支持倡导下，由海口海农协蔬菜产销专业合作社、海南椰海综合批发市场等发起设立海口椰海叶菜联盟，目前该联盟有菜农成员约 1 600 户（绝大多数为近郊菜农），联盟成员主要在椰海综合批发市场批发交易，生产、批发的蔬菜主要供应本地市场，占海口本地产叶菜总量 70% 左右。该联盟日常管理、协调工作由海农协合作社承担。

（二）合格证试行措施

海南蔬菜行业试行食用农产品合格证是先从出岛的冬季瓜菜开始的，而椰海叶菜联盟作为行业组织，则在常年蔬菜实施合格证方面进行了一些探索。

1. 覆盖小农户，自产自销菜农一户一证

（1）必要性。菜农小农户自产自销（菜农每天半夜至次日凌晨到批发市场将所产蔬菜卖给农贸市场摊贩）目前是海口近郊菜农的主要流通方式，目前这种流通方式的叶菜占海口本地产叶菜 70% 以上，这种模式今后仍将较长期存在。基于这一判断，海口椰海叶菜联盟提出以自产自销小农户为主要主

体，兼顾联合运销、专业运销等其他主体，全覆盖推行食用农产品合格证。全覆盖的目的，一是为了保障所有消费者购买的常年蔬菜质量安全，二是为了便于在批发端、零售端统一查验。

（2）可行性。由于海口生产常年蔬菜的菜农通常直接将菜批发给农贸市场摊主，中间没有或很少有混装过程，因此比多次混装、分销的冬季瓜菜更易实施食用农产品合格证。目前海口近郊小农户菜农已基本全部加入椰海叶菜联盟、加旺叶菜联盟，组织化程度较高，两个联盟分别建立了会员档案，对会员具有一定的号召力和约束力，为小农户全覆盖试行食用农产品合格证提供了组织保障。

（3）合格证样式。由叶菜联盟为每户菜农定制合格证，另外还需印制一些通用合格证，供生产者、采购者临时使用（图5-4-1）。

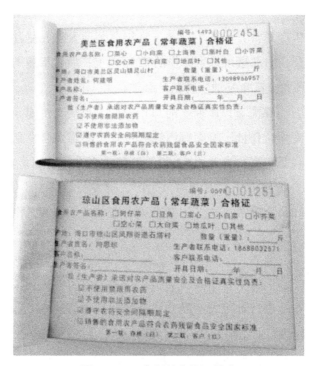

图 5-4-1　定制的合格证样式

这个定制的合格证有以下特点。

①提前印好了部分信息，目的是减少生产者填写工作量，便于他们接受，同时也提高信息的准确性。

②增加了客户名称、客户电话一栏，目的是检测到产品不合格时，便于已销售的不合格产品精准召回（这一栏由于是自主添加，因此不做强制要求）。

③样式大小便于菜农交易时装在口袋随身携带。

④市内各区合格证的客户联颜色不同，便于各区打造区级区域蔬菜品牌。

2. 关键是批发端、零售端查验

在征求菜农意见时，有反对的菜农断言推行合格证两三天后就会不了了之，本联盟挑选了 6 户菜农试行后确实如此。因此，只有全覆盖实施，并且在批发端、零售端进行常态化查验，才能倒逼生产者常态化开具。

为此，本联盟向海口市农业农村局提出建议，得到主管部门的积极响应，目前该局正与海口市市场监督管理局协商，准备联合出台对全市常年蔬菜生产经营主体（含小农户）全覆盖实施食用农产品合格证的方案，方案重点是在批发端、零售端进行常态化查验。

（三）试行合格证的成效

1. 可以将市场上检测发现的不合格农产品精准召回

如果批发市场检测到不合格产品，一是可凭合格证上客户姓名、联系方式精准通知召回已销售的不合格产品；二是可通过公众号、媒体广而告之，通知采购者以合格证的客户联为凭证退回不合格产品。

2. 菜农的责任意识、品牌意识大大增强

合格证的实施，使常年蔬菜在流通环节追溯链条清晰，而且合格证在零售终端会公开展示，因此菜农的责任意识、品牌意识大大增强。菜农更加注重产品质量安全，特别是在病虫害防控方面，能更好地做到以防为主，更多使用微生物肥料改良土壤，以此减少农药使用量，降低产品农残风险。

五、一品一码亮剑身份　绿色苹果畅行天下

——陕西省岐山县老果农苹果专业合作社

（一）生产主体基本情况

岐山县老果农苹果专业合作社位于全国苹果一村一品示范村青化镇孙家村，

成立于 2014 年，种植面积 1 050 亩，2019 年带合格证上市销售苹果 1 100 吨，加贴一物一码追溯合格证 5.3 万枚，追溯合格证双统一箱证 0.48 万枚，卡片式合格证 0.65 万张，一车一证 65 张。

（二）合格证使用具体措施

1. 签好质量安全生产合作协议，严控生产关

合作社与种植户签订质量安全生产合作协议，注明农药残留责任方，一经发现药残超标或含有违禁药品，立即解除合作关系，由种植户承担相应后果。定期召集种植户进行种植技术、投入品使用等培训活动，提高种植户种植技术水平，提升苹果品质。

2. 按照层级和号段分类用好合格证

由于合作社面积大、社员多、文化程度参差不齐、产品出货期长等问题，所以抓好合格证和农产品质量管理，做到精细化追溯，及时按照层级和号段开具各类食用农产品合格证是保障产品质量安全的重要手段。

（1）按号段管理的一物一码追溯码及合格证。合格证统一按照号段将生产户进行区分，每个合格证追溯码和合格证对应一个二维码号段，号段具有唯一性。将预先印制的追溯码按照分组号段发放到各个社员，由合作社按号段把合作社资质、自我承诺、视频、简介、产品、电子商务、合作社全年计划采购使用的投入品等公共信息录入相关号段。社员只需要负责平时用手机上传生产过程即可，一组编号对应合作社的某个加盟农户或者品种。

（2）按"车辆或者批次"为单元的一车一证智能合格证。针对合作社整车大批量交易，现场用手机拍照上传自我承诺、质量安全控制信息、车辆及经纪人信息。进入市场流通环节可扫描二维码实现流通环节的追溯（图 5-5-1）。

（3）按"号段分类追溯标签 +'两品一标'标识 + 制式流通合格证"一箱一证和卡片式合格证（图 5-5-2）。针对电商和盒装产品销售，由合作社按照号段发放一箱一证合格证与追溯合一的合格证，按照一物一码使用方法进行管理，使用前由生产经营主体按照合格依据选项打钩加盖骑缝章后使用。

图 5-5-1　整车开具的合格证

图 5-5-2　卡片式合格证

（三）使用合格证的成效

1. 实现产品安全有保障

对农产品生产过程中农药、化肥使用等作业信息环节使用手机进行拍照实时上传，使农产品质量安全从无形变有形，实现操作信息化、全程可视化，产品质量更有保证。

2. 实现市场销售大数据

将合格证、检测过程、合作社获得的各项荣誉、电子商务等全部打包为一体，消费者通过关注和扫码，操作一一再现全程的关键环节，互联网后台也可以对扫码行为进行分析，为生产基地提供销售大数据。

3. 实现农产品私人订制服务

合格证搭载了视频系统，消费者在家就可以扫码远程看到园区农事实况，使消费者无质量顾虑。消费者可按照消费意图提前要求合作社生产"订制"产品，满足消费者的"私人订制"愿望。

六、"喷码合格证"为西瓜带上"身份证"
——宁夏吴忠市利通区万植优质粮食种植专业合作社

（一）生产主体基本情况

吴忠市利通区万植优质粮食种植专业合作社成立于2010年，地处宁夏吴忠市利通区扁担沟镇，现有入社会员262人。合作社以弓棚种植西瓜为主，种植面积1 300亩（图5-6-1）。近年来，合作社以"创绿色、促增收"为重点，通过规模化种植、标准化生产、品牌化带动等一系列措施，指导农户选用抗病、适销对路的西瓜品种，集成示范推广工厂化育苗、测土配方施肥、优质有机肥及沼肥应用、膜下滴灌、绿色防控、拱棚西瓜栽培等先进生产技术，切实提高西瓜产品产量及品质。2020年以来，按照食用农产品合格证制度实施要求，合作社探索推行西瓜"喷码合格证"模式，通过在西瓜表面喷涂带有农产品质量安全追溯信息和食用农产品合格证信息的二维码，为西瓜带上"身份证"。

图5-6-1 合作社拱棚西瓜生产基地

（二）食用农产品合格证试行具体措施

1.设计"喷码合格证"电子二维码

结合自治区农产品质量安全追溯系统，联合软件公司，通过实际测验研究，设计出附带农产品质量追溯信息以及合格证信息的"喷码合格证"电子二维码（图 5-6-2）。在实施过程中，针对二维码扫描时间长、扫描信息繁杂等问题，通过梳理产品信息、简化内部数据代码、筛减词根信息等方式，减少二维码的呈现量，提高扫码效率。同时，为保障喷码清晰度，经反复试验，最终利用碳元素的稳定性原理，选用黑色进行喷码。

30位二维码效果　　　　20位二维码效果　　　当前70位二维码效果

图 5-6-2　经多次改进后的二维码

2. 配备"喷码合格证"设备

对确认的合作社西瓜生产基地配备电脑、二维码打印机、喷码枪等硬件设备，完善 PC 端软件和手机 App 软件功能，通过软硬件结合模式，快速录入西瓜生产信息。同时，系统可根据实际情况，设置信息录入任务，提醒种植农户及时录入西瓜相关信息，并将信息导入到手持喷码枪中。在西瓜成熟期，利用手持喷码枪操作简便、防水、分辨率高的特点，将"西瓜身份证"喷到西瓜颜色浅且平滑的区域，保证二维码清晰完整，实现在每个单品西瓜上喷印唯一标识二维码（图 5-6-3）。

图 5-6-3　利用喷码枪为西瓜喷印二维码

3. 一瓜一码，为产品质量保"价"

消费者在购买西瓜时，通过手机扫描二维码，即可知晓西瓜产地信息、合格证承诺内容，让消费者可放心消费。同时，系统通过分析用户扫码次数、消费者评价、消费者调查报告、销售过程等信息智能评估来年的价值利润、消费者嗜好的变化。并对收集到的产品销售信息进行数据分析，生成产品交易信息反馈给合作社，帮助合作社总结和评估西瓜产值利润，有助于对来年的生产活动进行决策（图 5-6-4）。

图 5-6-4 西瓜喷码记录分析系统

（三）试行食用农产品合格证制度的成效

（1）通过西瓜"喷码合格证"，实现一瓜一码"绑定"产品信息，保障合作社产品真实性，维护了农户的合法权益。

（2）推行西瓜"喷码合格证"以来，据统计，喷码单品西瓜上市单价2 元 / 千克，与上年同期的 1.3 元 / 千克的价格，上涨 53.8%。共开具"喷码合格证"23 832 张，上市"带证"西瓜 1 800 余吨。

（3）推行"喷码合格证"模式，对西瓜生产规模、产品质量、销售渠道等信息形成统一管理，做到信息可查询、质量可追溯、交易可统计，在确保产品质量安全的同时，也帮助合作社根据交易情况做好产品调整，提高生产利润，达到"双赢"目的（图 5-6-5）。

图 5-6-5　附带"喷码合格证"的西瓜

七、合格证伴我闯全国

——河北省秦皇岛小江蔬菜专业合作社讲述胡萝卜的"清白一生"

（一）生产主体基本情况

秦皇岛小江蔬菜专业合作社成立于 2011 年，自有种植基地 530 亩，冷藏保鲜库 19 000 立方米，清洗加工车间 1 800 平方米，主要经营胡萝卜、萝卜、生姜、洋葱、蒜薹、大蒜等 10 余个品种，形成了"基地种植—冷藏保鲜—清洗加工—批发销售"一条龙的产业链条。年加工配送能力为 3 万吨，2019 年经营收入达到 5 900 万元，提供就业岗位 200 多个。其中胡萝卜加工销售量占到冀东市场的 60% 以上，是国家级示范社、全国农民合作社加工示范单位。

（二）食用农产品合格证试行具体措施

1. 组织保障稳基础，有效制定新制度

该社成立了由理事长为组长、各部门负责人为成员的领导小组，下发《关于落实食用农产品合格证工作的实施意见》《采购业务管理规范》《产品合格证管理暂行办法》等文件，规范工作流程、明确责任人，实现监管责任可追查。

2. 宣传培训两手抓，及时发放告知书

该社率先将经营的胡萝卜、洋葱、生姜 3 个品种作为试点，加强宣传工作，向供应商索要《食用农产品合格证》。一是对内合作社多次组织相关岗位员工培训，学习食用农产品合格证制度相关知识文件。二是对外向供应商发

放《供应商供货告知书》，宣传国家实行食用农产品合格证制度，传达合作社食用农产品安全规范工作要求（图 5-7-1）。

图 5-7-1　业务人员给农户普及食品安全知识并发放告知书

3. 入厂源头先把控，双重查验作保障

采取双重复核标准，严把入厂源头。一是要求食用农产品合格证随车入厂（图 5-7-2）。如发现没有合格证，联系供货商做退回处理。二是复核食用农产品合格证有效性。入库后办理结算时，由财务人员将食用农产品合格证与追溯软件中采购员上传的信息进行复核。工作人员会按照供货批次，建立供应商基础资料台账，以便查询。

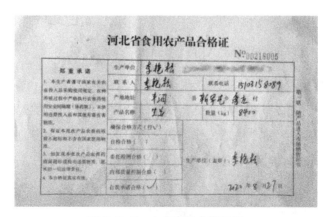

图 5-7-2　农户出具合格证书

4. 出库查看化验单，合格证书伴货行

凡符合要求的入库原材料都需要经过抽检后才能出库加工。检测人员采

取按车抽检、五点法取样的方式，对入厂原料进行农残检测，对于合格产品打印食用农产品合格证后，粘贴到产品包装上，实现了每包一证。产成品出库后，合格证伴随产品流通到各大批发市场（图5-7-3）。

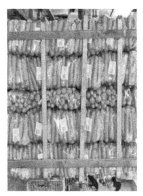

图 5-7-3　产品包装粘贴合格证配送市场

5. 追溯系统自己建，小江产品保安全

为了做好食用农产品安全内控工作，结合实际情况，开发了具有小江特色的食用农产品安全质量追溯管理系统软件（图5-7-4），从种植、采购、检测、加工各个环节设定模块搜集信息。打印合格证后，贴在产成品包装上，实现每包一证，通过二维码的扫描可以获取商品的产地信息或者种植信息等，为消费者食用农产品安全提供了追溯来源。

图 5-7-4　食品安全追溯软件

（三）试行食用农产品合格证制度的成效

1. 流通大江南北，销量明显增加

食用农产品合格证，作为小江菜社的身份证，流通到大江南北各地市场，实现了产品质量可追溯。仅 2020 年 6 月 1 日至 2020 年 8 月 30 日，共粘贴合格证 29 万张，产品销售量达 690 万千克，比 2019 年同比销量增加 94 万千克，增长 15.8%。

2. 提升市场认可度，带动效果显著

随着合格证制度的实施和试行，得到了经销商和消费者的高度认可。在疫情期间，北京新发地市场休市后，小江菜社被优先列入河北省蔬菜应急保障供应基地。同时，试推行的品种供应商提供合格证达 100%，反向推动了山东、河南、江苏、内蒙古等 11 个省（区）供应地农户注重强化种植环节质量管控、开展自检、关注食品安全，带动效果显著。

八、定襄甜瓜"证 + 码" 地标优品销路佳

——山西省定襄县雨田现代农业种植农民专业合作社

（一）生产主体基本情况

定襄县雨田现代农业种植农民专业合作社目前有社员 103 户，占地面积 200 亩，建有日光温室 44 座，1 500 平方米的智能育苗温室 1 座（图 5-8-1），地下保鲜库 1 000 立方米。

图 5-8-1 合作社温室

（二）食用农产品合格证试行具体措施

1. 严把自检关，确保好品质

"定襄甜瓜"于 2013 年被认证为地理标志产品，是定襄县主要的优质果蔬品种之一。2020 年 3 月底，合作社 150 亩薄皮甜瓜开园以来，怎样开拓销路、让消费者更了解"定襄甜瓜"整个生产过程并确保买得放心吃得安心，成为摆在理事长樊生明面前迫在眉睫的事情。尽管在种植过程中，已和农户签订安全生产合同，但为了保证上市产品百分之百合格，自查自检必须严格履行，必须严把出厂关（图 5-8-2）。因此合作社制定每一批次的上市甜瓜均抽取样品进行快检的严格要求。这样一来种植户在生产中自觉遵守规范用药，不敢随意用药。合作社注重培训，定期召集合作户开展技术、投入品使用等培训活动，避免农户错误、不合理用药。

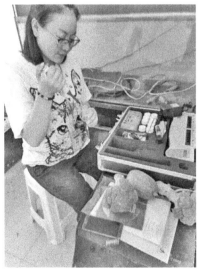

图 5-8-2　农残检测

2. 甜瓜"证 + 码"，"地标"可追溯

怎样在主打产品上按规定使用农产品合格证？在合作社自我承诺的同时，在市、县农业部门的帮助下，决定首先统一印制合作社专门的"定襄甜瓜"食用农产品合格证票据，正页随产品上市交给消费者，存根联留存备查，其次登录定襄县农产品质量安全网农产品溯源平台合作社专门账号，完善"定襄甜瓜"种植各环节技术资料和相关图片，申领由县农业农村局统一设计印制的定襄县农产品溯源标识，赋予追溯号段后加贴在食用农产品合格证上，从而实现合作社"定襄甜瓜"食用农产品合格证＋追溯码带证上市。合作社的 25.4 吨甜瓜，贴上了具有地理标志产品特色的合格证，附上了扫一扫就可查的追溯码，实现合作社"定襄甜瓜"100% 产品带证上市目标要求（图 5-8-3）。

图 5-8-3　合作社开具的合格证

（三）试行食用农产品合格证制度的成效

1. 产品销量增加

2020 年 3 月 22 日至 2020 年 6 月 16 日，共销售粘贴带有追溯码的地标"定襄甜瓜"合格证的 25.4 吨，比 2019 年同一时间区间内销量增加 3.2 吨，增长 14.4%，共附合格证 3 865 张。

2. 产品市场认可度提升

随着合格证制度的实施和试行，老客户更加信赖雨田合作社定襄甜瓜的产品质量，同时，辐射到其他经销商，为合作社的甜瓜新增多家客户，附带合格证的定襄甜瓜也被更多的人认同。

3. 产品安全更有保障

由于合格证制度的实施，自检制度趋于更加严格，合作农户更加注重产品质量安全，降低农药使用，不断学习改进生产模式，降低甜瓜药残风险，确保消费者能够吃上安全、放心的甜瓜。

九、有底气　内蒙古草莓种植户晒出"合格证"

——内蒙古自治区乌兰淖尔镇泽园社区草莓种植大户

（一）生产主体基本情况

"自从有了食用农畜产品合格证以后，卖东西的底气更足了，也能卖上价格了，最关键的是消费者更认可我们的农产品了"，这是乌兰淖尔镇泽园社区第二居民小组草莓种植户高平见到农畜产品质量安全监管巡查同志对合格证制度的评价。38岁的高平种温室已经快10个年头了，是镇里远近闻名的温室蔬菜、水果种植能手。目前，他和妻子一共种植4.8亩日光温室，品种包括温室草莓、吊瓜、甜瓜、番茄等多个品种。在种植的过程中，他逐步摸索出了一整套绿色生产技术和质量安全控制模式，用科学的种植方法保障种出的蔬菜、西甜瓜等蔬菜瓜果产量高、品质好，价格比同类产品卖得更高，特别是附带"合格证"上市后，更受到顾客的信赖（图5-9-1）。

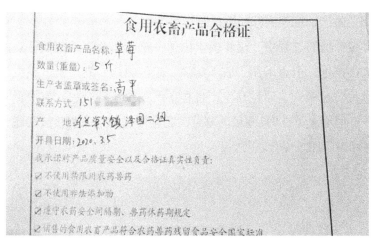

图5-9-1　食用农畜产品合格证

（二）食用农产品合格证试行具体措施

1. 免费印制，鼓励主体积极参与

内蒙古自治区全面试行农畜产品合格证制度以来，乌兰淖尔镇农业技术推广中心联合镇平安建设办、乡村振兴办等部门过微（短）信、横幅、电

子屏等形式，开展了合格证的广泛宣传工作，并统一印制合格证发放给生产主体使用。"监管人员把免费的合格证直接送到了大棚里，没有增加农民的负担，我们参与起来很有积极性"，领到了政府发放合格证的高平这样说道（图5-9-2）。

图 5-9-2　乌兰淖尔镇泽园社区草莓种植户展示"农产品合格证"

2. 绿色生产，加强内部质量控制

高平在种植的过程中，逐步摸索出了一整套适合当地气候特点的设施蔬菜水果生产技术，引进采用了膜下滴灌、暗沟栽培、卷帘机、粘虫板等生产技术和绿色防控模式，通过在生产过程中严把质量安全关，有效提升产品品质。高平自信地说道，"我棚里的草莓，完全可以摘下来直接放心吃，质量安全绝对有保障（图5-9-3）。"

图 5-9-3　农产品质量承诺公示牌

3.巡查检测，严把质量安全关卡

为了有效助力合格证试行，基层监管人员开展了全覆盖摸底工作，建立了乌兰淖尔镇食用农产品合格证制度试行主体库，高平的大棚也列入到了名录当中。乌兰淖尔镇的农畜产品质量安全监管人员不定期地进行巡查，提供技术指导并随机进行快速抽检，形成了农户"自我承诺"、监管站"巡查检测"的双保险（图5-9-4）。

图5-9-4　镇工作人员定期对农产品进行质量安全抽检

（三）试行食用农产品合格证制度的成效

1.生产者有了"承诺书"，主体责任进一步强化

通过食用农产品合格证制度的试行，指导生产者正确开具合格证，确保合格证填写规范、信息完整、真实有效，让农产品合格上市、带证销售，进一步落实了生产者主体责任，强化了主体自律行为，从农业生产源头自我把关，发挥自律作用，更加有效地保障了农产品质量安全。

2.农产品有了"新名片"，市场附加值更高

2020年温室春茬种植，高平从银川引进了新品种草莓，依托地理优势，先进的栽种技术，高投入换来高品质，高品质有了高回报。如今高平仅一个草莓温室大棚一年收入近10万元，远远高出传统蔬菜大棚。

十、合格证铺就孟庆明农户增收路

——吉林省抚松县东方红村蔬菜大棚专业合作社

（一）生产主体基本情况

孟庆明是抚松县泉阳镇东方红村的一户小农户，2016年加入东方红村蔬菜大棚专业合作社，以种植棚室蔬菜为主要经济来源。共有蔬菜大棚4个，面积1.5亩，蔬菜品种以婆婆丁、荠菜、小白菜、韭菜、黄瓜、番茄、秋葵等为主，蔬菜年产量7吨左右，平均年收入6万元。

（二）合格证试行措施

1. 践行承诺，绿色种植

孟庆明能够积极践行合格证的承诺内容，践行绿色种植模式，用农家肥替代化肥，减少化肥使用量，用粘虫板、杀虫灯替代农药，减少农药使用量，生产出来的蔬菜产品口感好、质量优，从而用他的具体行动保证了合格证的真实性（图5-10-1、图5-10-2）。

图 5-10-1　合格证样式

2. 规范记录，科学管理

每次农事活动后，孟庆明都能将育苗、种植和病虫害发生以及用药情况详细地记录在农业部门统一发放的农产品生产记录本上，做到规范记录，按间隔期采收蔬菜（图5-10-3）。

图 5-10-2 绿色种植，践行承诺

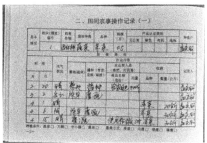

图 5-10-3 规范记录，科学管理

3. 一批一证，擦亮名片

合格证实施以来，经过前期宣传和县乡两级农业监管人员的指导，提升了孟庆明的质量意识，他积极主动领取和开具合格证，保证每批农产品带证上市，也为他生产的农产品取得了"身份证"，擦亮了蔬菜产品的名片（图5-10-4）。

图 5-10-4 一批一证，擦亮名片

4. 定期抽检，保障质量

孟庆明为践行合格证承诺内容，保障产品质量，定期委托县级检测机构对其产品进行抽样检测，目前，共委托抽检蔬菜样品 16 个，检测合格率为100%（图 5-10-5）。

图 5-10-5　定期抽检，保障质量

（三）试行合格证的成效

1. 产品销量增加明显

2020 年 6 月 1 日至 8 月 30 日，孟庆明按批次共开具食用农产品合格证68 张，带证上市的蔬菜产品达 5 400 千克，比 2019 年同期销售的蔬菜量增加1 800 千克左右，增长率为 50.0%。

2. 产品售价有所上涨

自从孟庆明的农产品带证上市以来，一些优质蔬菜品种价格每千克上涨1～2 元，并且供不应求，消费者好评不断，口口相传，也让他更有成就感。

3. 产品市场认可度明显提升

有了农产品合格证这张名片，消费者更加信赖孟庆明农户的产品质量，纷纷主动按合格证上的联系电话联系他，订购蔬菜，以前可能需要一天能卖完的蔬菜，现在仅一上午就能销售一空，或者根据电话预订情况，直接快递邮寄不用再到市场上销售。

4. 产品安全更有保障

由于合格证制度的实施，孟庆明及合作社其他成员更加注重蔬菜产品质量安全，特别是在蔬菜种植过程中能够做到以绿色防控为主，使用农家肥，杜绝使用禁限用农药，降低农产品药残风险，让消费者能够吃上安全、放心的蔬菜。

十一、产品持"证"上市　销售一"码"当先

——江苏省东台市江苏芦歌笋语现代农业科技有限公司

（一）生产主体基本情况

江苏芦歌笋语现代农业科技有限公司于 2016 年创建大棚芦笋种植基地 1 000 亩，年产芦笋超过 180 万千克，是江苏省规模最大的设施芦笋产销一体化示范基地。"翡翠明珠""太平洋 1 号"芦笋产品获国家绿色食品认证，产品主要销往全国各大中城市。

（二）食用农产品合格证试行具体措施

1. 创建绿色生产基地，严把生产环节管控关

基地充分利用万头生猪养殖场产生的猪粪无害化处理后作为有机肥料。同时推广应用绿色防控新技术，利用性诱捕器、色板诱虫等理化诱控和生物农药除虫，减少化学农药的使用。建立农田"健康卫士"信息自动管理系统，实时掌握基地生产动态和产品质量可追溯信息查询（图 5-11-1）。

图 5-11-1　企业芦笋生产基地

2. 加强内部规范管理，严把农产品产地准出关

在农产品生产销售过程中，公司明确专人具体负责生产销售记录，全面

真实记录各项农事操作、投入品使用、质量控制及产品销售情况，建立农业投入品进货和使用台账，如实反映每批投入品的进货时间、进货渠道、生产企业、产品名称、产品批准文号、用法用量、安全间隔期等。

3.定期委托抽样检测，严把农产品质量检测关

公司与镇农产品质量检测站建立"三联"机制，依托镇农产品检测室对每一批流向市场的农产品进行随机抽样检测，逐一记录，确保农产品检测合格准出（图5-11-2）。到目前，共委托抽检芦笋样品800多批次，检测合格率为100%。

图5-11-2　农产品检测　合格证打印输出

4.实行合格证销售，严把"一码一证"使用关

公司通过江苏省农产品追溯平台，如实填写食用农产品名称、数量（重量）、基地名称、联系方式、开具日期、承诺声明等内容，最终由追溯平台生成食用农产品合格证，并给每一批进入市场的芦笋都贴上二维码标签，让拿到芦笋产品的客户扫一扫便一目了然，真正实现了质量可溯源、安全有保障。从2020年2月开始，公司共销售芦笋200多批次，每批3～4吨，共发放二维码和合格证1 200多份（图5-11-3）。

图 5-11-3　产品持证销售

（三）试行食用农产品合格证制度的成效

1. 小小合格证，撬动大市场

2020 年初，公司芦笋产品开始对接销售南京众彩蔬菜批发市场，刚开始有一位客商对产品质量存有疑惑，推销员当即亮出"合格证"，让客商现场描码查询，当客商通过二维码了解基地真实情况后，对产地环境和产品质量非常认可，立即答应与公司签订常年供货合同，而且收购价格比同等市场价格每斤高出了 0.3～0.5 元，很快，南京众彩蔬菜批发市场成为公司芦笋产品的直销"窗口"。

2. 质量可追溯，提高信誉度

2020 年上半年，由于受到新冠肺炎疫情影响，国内农产品市场销售渠道不畅，一些经销商对农产品质量更加挑剔。公司以试行合格证制度为契机，更加注重提高产品质量，通过"亮身份""践承诺"，凭着过硬的产品质量，扩大产品市场竞争影响力和知名度。目前公司芦笋产品主要销往北京、上海、南京、济南等全国各大中城市，市场供不应求，年销售额达到 1 000 万元。

3. 产品有保障，消费更放心

合格证的使用，倒逼公司增强责任意识和自律意识，在农产品质量安全管理上丝毫不敢懈怠，更加注重加强自我质量控制，在投入品源头治理、绿色技术和品牌建设上下功夫，让农产品质量安全更加"底气"十足。

十二、试行农产品合格证 "小蔬菜"变成"大产业"

——安徽省滁州市天长市天翔蔬菜专业合作社

（一）生产主体基本情况

天翔蔬菜专业合作社成立于 2009 年 11 月，基地布局合理，园区环境优美，分为行政服务区、蔬菜生产区、分级包装区、仓储物流区。设施蔬菜面积 612 亩，每年生产番茄、黄瓜、青椒等蔬菜 110 万多千克，产值 200 多万元。

（二）食用农产品合格证试行具体措施

1. 疫情无情人有情，持"身份证"进场

合作社积极落实试行食用农产品合格证制度，进一步完善了生态农药有机肥料入库出库制度、用药制度、安全间隔期制度、采收标准、包装标准、新鲜配送规范等 9 项制度。2020 年 2 月 10 日，新冠肺炎疫情防控期间，合作社众志成城、抗击疫情，对捐赠给金太阳和夕阳红养老院的萝卜、青菜等蔬菜开展快速检测，现场开出滁州市第一张食用农产品合格证（图 5-12-1、图 5-12-2）。

2. 例行监测加自检，拿"承诺书"上市

合作社是天长市永福农产品批发市场直供基地，同时在市区有 6 家蔬菜直营店，为确保蔬菜安全，除配合完成部、省、市蔬菜例行监测、监督抽检外，还自建了蔬菜产品检测室，每批蔬菜上市前进行农残快检，做到批批要检测、车车都合格，检测合格后开具农产品合格证后进入市场（图 5-12-3）。

食用农产品合格证

食用农产品名称：萝卜

数量（重量）：504 Kg

检测合格方式：☑自行检测，□委托检测，□承诺合格，□第三方检测。

生产者盖章或签名：

联系方式：

产地：天长市大通镇

开具日期：2020年2月10日

我承诺对产品质量安全以及合格证真实性负责：

☑不使用禁限用农药兽药

☑不使用非法添加物

☑遵守农药安全间隔期、兽药休药期规定

☑销售的食用农产品符合农药兽药残留食品安全国家标准

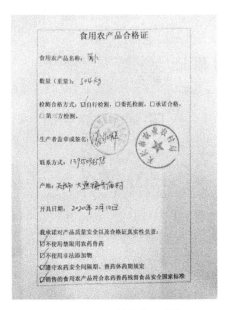

图 5-12-1　滁州市开具的第一张食用农产品合格证

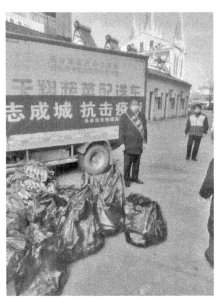

图 5-12-2　合作社新冠肺炎疫情期间捐赠蔬菜

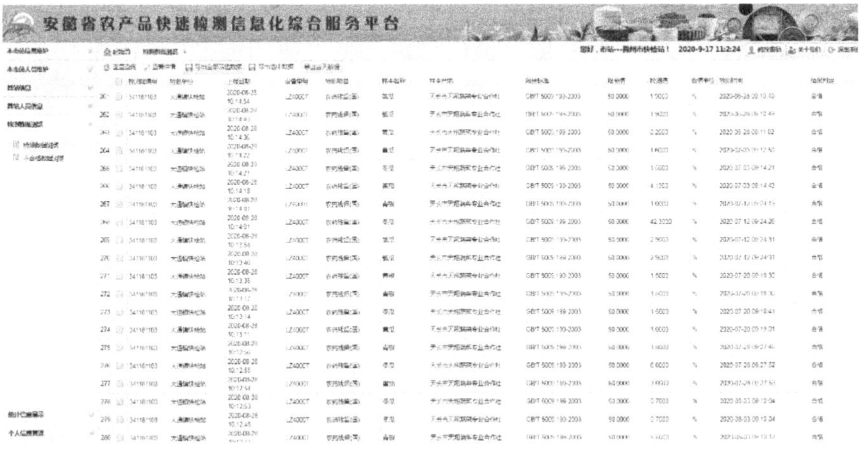

图 5-12-3　合作社蔬菜农残快检情况

3. 合格证追溯双覆盖，举“新名片”前行

合作社原先开具的是纸质合格证，安徽省 2020 年将追溯体系纳入民生工程后，合作社成功注册省级追溯平台，将合格证与追溯二维码有机结合，打印出两证合一的电子合格证，也是合作社的“新名片”（图 5-12-4）。截至目前，已开出纸质合格证 2 317 张、“追溯码 + 合格证”两证合一电子合格证

193 张，带证上市农产品 673.2 吨。

图 5-12-4 "追溯码 + 合格证"两证合一电子合格证

（三）试行食用农产品合格证制度的成效

1. 提销量增效益

合作社狠抓合格证制度和追溯管理，市民用手机扫描合格证上二维码就能了解蔬菜的产地、生产日期、种植过程、是否使用禁限用农药等情况，满足了市民的知情权，提高了市民购买的意愿。原先有些蔬菜进入超市销售困难，现在蔬菜附带合格证后，超市、学校争相订货，一些优质蔬菜品种价格每千克上涨 1～2 元，积极保障市场供给，每天向各大市场、超市、学校提供蔬菜 1 500 多千克，增加经济效益 30 多万元。

2. 落实责任保安全

合作社理事长项永祥表示："合格证制度出台后，我们的蔬菜由原来的'披头散发、没名没姓、来路不明'转变为身份证标示，默认合格转变为承诺合格，产品监管转变为主体监管。我们需要更加注重蔬菜产品质量安全，在蔬菜种植中不用违禁农药，严格遵守间隔期，开展自检，同时欢迎政府部门监督抽检，做到批批合格、车车安全。"

3. 融入长三角扩市场

合作社的蔬菜以前只供应本地，有时还出现卖菜难现象，习近平总书记视察安徽并发表重要讲话后，在推进长三角一体化发展的同时，合作社蔬菜均带合格证上市，合作社的蔬菜基地逐渐成为江浙沪的菜篮子，2020 年 30 多万千克蔬菜已直供到南京、苏州、上海等地。

中国好人、合作社理事长项永祥说："国家推行合格证好处太多了，一是加强了企业责任意识，是企业对社会的合格承诺；二是保障了老百姓的食品安全，这是头等大事；三是带证的农产品可以优质优价，而普通农产品就不行。"

十三、果香飘四海　一"码"走天下

——山东省莱州市琅琊岭小龙农产品农民专业合作社

（一）生产主体基本情况

莱州市琅琊岭小龙农产品农民专业合作社位于莱州市朱桥镇由家村，2008 年注册登记，注册资金 800 万元。合作社共流转土地 3 000 亩，其中苹果示范园面积 2 000 亩，年产苹果近 2 500 吨（图 5-13-1、图 5-13-2）。

图 5-13-1　合作社苹果

图 5-13-2　合作社荣誉及资质

（二）食用农产品合格证试行具体措施

1. 技术集成，绿色防控，抓源头生产

主要优良品种：烟富 3、美味、红嘎啦、华硕、首红、天汪 1 号。生产过程采用免套袋、化学疏花疏果技术，控制枝量、起垄覆盖、行间生草。采用有机肥发酵还田、水肥一体化精准施肥、病虫害精准测报、悬挂杀虫灯、诱捕盒、迷向线等物理和生物防治措施进行绿色防控，减少了化肥和农药的使用，从根源上保障果品品质与电子合格证表里如一。

2.自我检测，配合抽检，保承诺内容

合作社配有速测仪和专职检测人员，对不同地块不同品种的苹果进行上市前的快速检测，同时积极配合省市农业农村部门开展定量抽检，并将抽检结果和凭证上传到合格证页面信息中，保证所有上市苹果安全可靠。使用以来，共检测样品 300 余批次，检测合格率为 100%（图 5-13-3）。

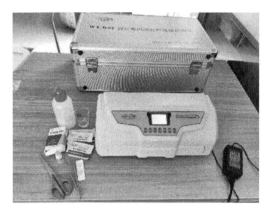

图 5-13-3　合作社开展快速检测及定量检测报告

3.内容丰富，信息全面，易推广宣传

合作社使用合格证具有以下特点：一是信息全。含有基本信息外，还有生产记录、检测结果导入、品牌推广、销售途径导入等扩展信息。二是成本低。采用张贴防伪二维码电子合格证，不受硬件限制，成本及其低廉。三是易操作。上市前只需刮开图层就可扫描激活，大批量激活可对一个号段整体激活。四是可追溯。消费者在购买苹果时只要扫一扫就能看到该产品信息。五是可防伪。合格证有防伪图层，设置有效期限无法复制伪造。六是可推广。手机扫开页面信息还包含网店链接等内容（图 5-13-4 至图 5-13-6）。

图 5-13-4　莱州市合格证样本　　　　图 5-13-5　琅琊岭合格证样本

图 5-13-6　电子合格证显示界面

（三）试行食用农产品合格证制度的成效

1. 品牌效益

推行电子合格证后，琅琊岭苹果由销售难、价格低，一跃成为网红产品，电子订单纷至沓来，变成真正的"黄金果"。2018年"琅琊岭"牌苹果被纳入山东农产品知名品牌目录，并在2019年两度登上央视新闻直播间特别节目。2019年在陕西杨凌举办的"中国好苹果"大赛中，琅琊岭合作社的苹果一举拿下免套袋组金奖和最具价值生态果品奖两项大奖（图5-13-7）。

图 5-13-7　琅琊岭苹果获得金奖

2. 经济效益

推行合格证之后，琅琊岭苹果已成为阿里巴巴和拼多多等网络平台的网红，每天线上接单1 500单以上，精品平均价格每千克达到20元以上。2019年，合作社实现销售收入近1亿元。

3. 社会效益

2018 年 11 月 13 日，原农业农村部副部长于康震专程到琅琊岭进行了合格证工作的调研，为合格证在山东省乃至全国试行工作的开展提供了宝贵经验（图 5-13-8）。

图 5-13-8　原农业农村部副部长于康震琅琊岭调研

为推广普及二维码电子合格证和苹果栽培知识，合作社还建立起了苹果科普馆。先后接待参观学习的专家与果农 3 万余人次，苹果采摘的游客 2 万多人次，辐射带动周边新建现代果园 2 000 余亩。疫情期间，琅琊岭小龙农产品农民专业合作社为湖北黄冈无私捐赠 7.5 万千克附贴电子合格证的绿色苹果，受到社会广泛赞誉（图 5-13-9、图 5-13-10）。

图 5-13-9　苹果科普展馆

图 5-13-10　捐赠苹果收获赞誉

十四、合格证助力香零山蔬菜走天下

——湖南省永州市零陵区香零山蔬菜专业合作社

（一）生产主体基本情况

香零山蔬菜专业合作社位于湖南永州市零陵区香零山村——永州八景之一香零山所在地。2010 年成立香零山蔬菜专业合作社，全村 241 户蔬菜种植户全部自愿加入合作社，实行政社一体化管理。现拥有蔬菜大棚 1 000 余个，观光玻璃温室 1 个，主要生产全季节多种类的蔬菜。

（二）合格证试行措施

1. 网格监管，生产者用心

按照"分片定责、主动监管、上下协同、运转灵活"的网格化监管体系要求，采取"分片包干，各负其责"监督巡查方式管控其质量安全，以村组为单元，进行巡回督查，严防禁用限用药物和有毒有害农产品流入生产环节中。通过严格的网格化监管体系，让合作社蔬菜种植户能自觉按照标准化规范生产，从源头上保证产品的安全性（图 5-14-1）。

图 5-14-1 香陵山村农产品质量安全网格化监管公示牌

2. 定期检测，经营者安心

为把好基地蔬菜出园前质量安全关口，区农业农村局建立了"区、乡、村"三级检测体系，为合作社设立专门的产品农残检测室，由专人负责基地的产品检测工作，产品上市前，经过自检合格后才可运输流通及上市；检测结果实时上传至区农产品质量安全监管部门管理系统，供监管部门实时查看。另外检测过程抽样单、检测结果记录本规范填写并保存留档，严格把守产品出园前的安全性，助力产品绿色经营。目前基地蔬菜检测合格率达到 99.6%（图 5-14-2）。

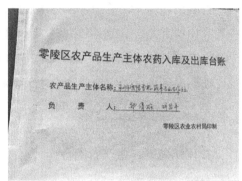

图 5-14-2　检测室及台账

3. 赋码带证，消费者放心

按照"质控有制度、人员有责任、产品有标准、用药有台账、生产有记录、售前有检测、准出有证明、信息可查询"的"八有"要求，以"两证一码"为基准，具体实施产品带码上市、带证上市及全过程可追溯，实现产品全过程透明化（图 5-14-3、图 5-14-4）。消费者通过扫描产品赋码就可查询

图 5-14-3　合格证样式及具体使用

图 5-14-4　试行合格证展板

到基地具体情况、生产过程中投入品使用情况、出园前检测情况等信息，彻底消除消费者担心的质量安全隐患问题。2020 年 2 月以来，基地开具合格证 36 580 张，使用合格证上市的蔬菜达 2 712 吨。

（三）试行合格证的成效

1. 知名度明显提升

食用农产品合格证试行后，一是合作商及老百姓更加认准"香零山"蔬菜。合作商们普遍反映，合格证试行以来，买家从刚开始的半信半疑到慢慢接受，再到现在贴了合格证上市的蔬菜更得民众心，足以凸显合格证试行后带来的效益，香零山蔬菜的品牌知名度瞬间得到提升。二是成功成了海关备案基地及粤港澳大湾区"菜篮子"的主要供应基地，扩宽了市场竞争力，为进一步做大做强"香零山"蔬菜产业奠定了基础。

2. 经济效益明显提高

2020 年 2 月食用农产品合格证试行以来，香零山蔬菜类售价在原有生产成本的基础上每个品种提高了 0.2～0.3 元。当前基地蔬菜种植面积已达 4 160 亩，生产蔬菜 5 000 多吨，使用合格证上市的蔬菜达 2 717 吨，其中销往粤港澳大湾区蔬菜 90 余吨，实现销售收入 1 500 多万元，村民增收 900 多万元。合格证实施助"香零山"蔬菜产业产销两旺，取得了很好的经济效益和社会效益。

十五、推行农产品合格证　提升产品市场认可度
——湖南省长沙市天心区李乐华小农户

（一）生产主体基本情况

李乐华小农户位于湖南省长沙市天心区南托街道沿江村，其蔬菜种植面积共8亩，以种植时令蔬菜为主，采取自产自销经营模式，通过农产品质量安全标准化生产，以安全、绿色农产品为起点，提高市场竞争力，把服务和产品质量放在首位，建立田间生产管理制度，做到生产有记录、质检有签名、销售有证明、安全责任到人的生产要求，使该产地农产品质量安全得到极大的保障。

（二）食用农产品合格证试行具体措施

1.安全生产，绿色种植

李乐华秉承以安全、绿色农产品为起点的经营理念，践行合格证承诺内容，用防虫网、粘虫板、石灰等方法防控病虫害发生。2019年农药使用量负增长50%，自制农家肥10余吨替代化肥，减少化肥使用量，实现了蔬菜产品质量安全的有效保障和双减增效，同时也用具体行动保证了合格证的真实性（图5-15-1）。

图5-15-1　李乐华农户种植地现场

2.规范管理，严格准出

李乐华2020年主动对接主管部门，要求纳入食用农产品合格证试行主

体名录，并签订了农产品质量安全责任状，在农业部门统一发放的农产品记录本上，如实记录了产品种植、施肥、农药使用等农事活动情况。产品在安全间隔期后进行抽样检测，检测合格才采摘，同时开具合格证明，上市销售。对检测不合格的产品，实行延期上市或进行无害化处置（图5-15-2、图5-15-3）。

图5-15-2 农产品生产记录及责任状签订

图5-15-3 委托检测种植产品

3. 加强学习，提升自我

李乐华积极参加市、区举办的种植技术、投入品使用、试行食用农产品合格证制度等宣传培训活动，在生产实践中不断提升，把产品生产操作规程以及产品带证上市、产品溯源等措施集中起来，融于一体，强化了自己的生产主体责任感，更加有效地保障了产品质量安全。

（三）试行食用农产品合格证制度的成效

1. 主体责任意识加强

参与试行食用农产品合格证制度之前，李乐华未建立农产品生产记录，主体责任意识薄弱，以零售为主，每日外销蔬菜75千克左右。参与试行食用农产品合格证制度之后，李乐华的农产品质量安全主体责任意识得到加强，主动如实填写生产记录，由原来街道抽检变为主动要求对上市农产品进行委托检测，2020年一共委托检测131批次。经检验合格后自觉开具农产品合格证明，至今开具合格证明248份，现每日外销产品150余千克，相比以前销量增加了一倍以上（图5-15-4）。

图5-15-4　街道监管站出具准出证明及食用农产品合格证开具

2.产品市场认可度提升

随着合格证制度的实施，李乐华所生产的农产品质量安全信用度得到进一步提升，老客户更加信赖他的农产品质量，同时得到了湖南省长沙市同升湖国际实验学校校方认可，该校师生人口约5000人，将其作为该校食堂农产品供应点之一。经此之后李乐华农产品被更多的人所认同，产品销路更为广阔（图5-15-5）。

图5-15-5　李乐华送货到长沙市同升湖国际实验学校食堂

3. 产品安全更有保障

由于合格证制度的实施，农产品生产者和消费者更加注重产品质量安全，长沙市以李乐华为代表的农产品生产者主动增强了自律意识和责任意识，在生产过程中对产品管理更加规范和标准，消费者在消费过程中对产品质量更加放心，从而保障了人民群众"舌尖上的安全"。

十六、试行食用农产品合格证　种植道路越走越宽
——广东省湛江市雷州市覃斗镇铺前农业种植专业合作社

（一）做强做大水果种植

铺前农业种植专业合作社是 2012 年注册成立的农民专业合作经济组织，现有 167 名社员，实行"股份制"入股、"产销一条龙"的经营模式，统一发展农业种植，品种有杧果、青枣、龙眼和荔枝等。现有杧果标准化果园 1 400 亩、青枣标准化园地 600 亩、果蔬冷冻库 1 000 平方米以及良种繁育基地 16.8 亩。

（二）强化种植过程质量控制

1. 一户一合同，严把生产关

合作社与每户社员统一签订合同，合同条款明列"严禁使用违禁药品及禁用农药，社员若违约立即解除合作关系，并上报监管执法部门"；建立台账，登记所有社员信息；不定期发放有机肥、生物农药等农资产品（图 5-16-1），竭力提高产品质量，从源头上严把本社农产品质量安全合格关。

2. 一车一证件，严把质量关

本社秉承"产销相连"原则，每车货从产品集散点到经销售货点，均需携带《食用农产品合格证》，确保本社农产品从"产"到"销"均有可追溯的合格证一路相护，严防假冒，确保产品、信息真实（图 5-16-2）。

3. 一箱一条码，用好"新名片"

本社致力提升产品质量管控水平，加强追溯体系建设。按照批次产品抽检，逐一录入合格证登记信息，上传省追溯平台；打印（或激活）含追溯码的（电子）合格证并张贴在包装上，每箱杧果等产品都拥有唯一的身份证、

"新名片"，供经销商和消费者查验。

图 5-16-1　发放肥料、有机食品证书

图 5-16-2　合格证、发货

（三）试行食用农产品合格证成效显现

1. 强化了质量安全责任意识

社员对农产品的质量安全责任意识明显增强，控制使用化肥农药、拒绝使用禁用药物、严格遵守农药隔离期自觉性明显提高，施用有机肥、采用物理及生物防治措施增加，农药、化肥使用明显下降。

2. 提升了产品市场认可度

新华网、湛江日报、湛江电视台等新闻媒体2020年6月对合作社社长进行了专访，广东共青团微信公众号等助力宣传合作社的经验和做法，试用农产品合格证更对本社产品的影响力和公信力得到了良好提升，增强了本社产品的市场竞争力。

3. 增加了产品流通销售

合作社与"一亩田平台"等电商合作，积极开展直播带货、短视频宣传和微信平台宣传等活动，凸显本社产品的"身份证"（合格证及追溯码）亮点，销量明显增加，同比 2019 年销售期缩短了近一周，效益显著增加。合作社已使用了 6 100 余张广东省线上电子合格证（标签）和 12 张纸质合格证，带证销售杧果等水果产品 55 吨，合格证二维码被扫描查询 416 次。小小合格证成了本社产品走上电商快车道的金钥匙，瞬间拓宽了产品销路。

4. 推动了产品增值

使用食用农产品合格证不仅拓展了销路，而且成效也明显提高。合作社的象牙杧、台杧、鸡蛋杧等主打产品市场售价分别同比上涨了 30%、26% 和 50%。社长陈朋书认为"使用农产品合格证好处多，我们要积极认真地落实好。从今往后，只要本社推出的农产品，都必须携带有属于它的'身份证'，并尽可能做好监督工作。"

十七、合格证助力遂宁蔬菜驰援湖北武汉

——四川省遂宁市船山区蔬菜种植户肖尧

（一）生产主体基本情况

四川省遂宁市船山区蔬菜种植户肖尧，其蔬菜种植基地位于船山区老池镇黄桷村。船山区老池镇是遂宁重要的蔬菜供应基地，常年种植面积在 1 万亩以上，品种包括韩国萝卜、辣椒、花菜、白菜、莴笋、茄子、豇豆、四季豆等。

肖尧作为黄桷村众多蔬菜生产者之一，初中毕业后便跟随父亲从事蔬菜种植，至今已有 8 年的种植经验，拥有蔬菜种植基地 500 多亩，主要种植白菜、白萝卜、玉米等品种，年产量 4 000 余吨（图 5-17-1、图 5-17-2）。从和工人一起从事生产，到跟随父亲跑遍全国各省搞销售、谈业务，多年经历让他深刻明白一个道理：消费者对农产品质量安全越来越重视，农产品要想打开销路，必须始终把质量安全放在第一位。认识提高了、措施到位了，质量

也有了保证，基地生产的蔬菜除供应遂宁市主城区及周边县区外，还远销北京、河北、湖北等省（市），成了市场的"抢手货"。2020 年 1 月 29 日，在武汉因新冠肺炎蔓延封城一周，急缺新鲜蔬菜之际，在省市县农业农村部门指导下，基地开出了四川省第一张新版食用农产品合格证（图 5-17-3），带证的 27 吨韩国萝卜连夜发往武汉火神山医院，支援武汉人民抗击新冠肺炎疫情。

图 5-17-1　肖尧蔬菜种植基地

图 5-17-2　肖尧蔬菜基地蔬菜采收

（二）食用农产品合格证试行具体措施

1. 瞄准势头，积极参与合格证试行

自食用农产品合格证制度试行以来，肖尧就明锐地感觉到未来农产品想要拥有好的市场，必须坚持出具合格证，以品质占领市场，让消费者买得放心，吃得安心。同时，合格证也成为农产品宣传的有效载体，只有合格的农产品才能获得老百姓的青睐，才能拥有好的口碑，才能长期占据市场。

2. 自我承诺，严控农产品质量安全

定期主动将农产品送当地农产品质量安全检测点进行抽样检测，确保农产品质量安全。2020 年以来，蔬菜种植户肖尧已送检蔬菜样品 2 类 37 个样品，检测合格率达到 100%。实行一车一证、带证销售，现场规范填写合格证，累计开具合格证 37 张，实现"每张"有根据、"每车"有承诺（图 5-17-4）。

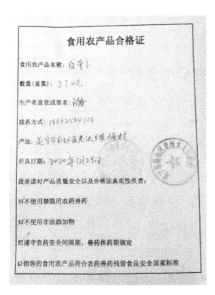

图 5-17-3　"第一张"新版合格证

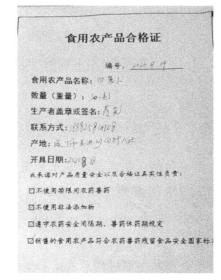

图 5-17-4　近期开具的合格证

3.严格管理，严守农产品质量安全底线

作为年轻一代的农业生产者，肖尧十分重视农产品质量安全，每次蔬菜用药都是亲自管理、亲自操作，从坚持购买正规农药，到严格按照农业技术人员的指导和农药用药说明使用，科学防治病虫害，再到严格执行农药安全间隔期规定，每一个环节都从严把关，确保农产品安全上市，从而在市场上赢得了很好的口碑和声誉。

（三）试行食用农产品合格证制度的成效

1.农产品销量显著增加

自 2020 年 1 月 29 日出具"第一张合格证"以来，基地共销售萝卜、白菜等蔬菜 120 余吨，比 2019 年同期增加 30 余吨，收入增加 3 万余元。

2.农产品市场认可度逐步提升

随着一张张合格证的开出，所销售的农产品均达到有源可溯，有根可寻，各地采购商对采购的农产品也更加信赖，对二次出具合格证也更加放心。

3.生产主体质量安全意识不断增强

在开具合格证的过程中，肖尧对农产品质量安全有了更深的认识和更全面的了解，特别是在农作物安全用药方面管控更细更严，有效降低了产地蔬菜农药残留风险。

十八、实施合格证制度　助力安全市创建

——西藏自治区曲水县鑫赛瓜果蔬菜种植农民专业合作社

（一）生产主体基本情况

西藏自治区曲水县鑫赛瓜果蔬菜种植农民专业合作社位于曲水县南木乡江村318国道旁，成立于2008年8月，注册资金250万元，占地面积512.08亩，拥有高效日光温室386栋，社内种植户36户，合作社年产无公害蔬菜239万千克（图5-18-1）。

该合作社主要采用"基地＋合作社＋农户"的经营模式和"专业种植＋专业营销"的运营模式，示范带动土地流转受益农户212户，户年均收入增加2 830元，转移劳动力100余人，年人均收入2万元以上，入社社员每栋温室年纯利润达6 000元以上。

图5-18-1　鑫赛瓜果蔬菜种植农民专业合作社门楼全景图

（二）试行合格证制度具体措施

拉萨市曲水县鑫赛瓜果蔬菜种植基地的农产品都附有藏汉双语的"食用农产品合格证"，通过强化按标生产、追溯监管、自我检测等多种管控手段，保障农产品合格证的质量承诺（图5-18-2）。

图 5-18-2 与市场监管局联合印发告知书及带有追溯码的合格证式样

1. 把好源头关，多重检测成就放心菜

农业投入品质量是决定农产品质量安全的源头。散户合供、农资统供，是鑫赛合作社把好农资进口和基地出口的关键。统一采购农资，再根据每户租种大棚数量、农资需求量平价转售给种植户。对个别特殊需求的农资，必须由种植户凭身份证到指定农资店进行备案登记购买。在农资环节上把好入口关和信息追溯，有效杜绝了高毒、禁用农资流入基地。

"只要说起鑫赛菜，那就是放心菜。"国家每季度一次例行检测，市、县不定期抽检，再加上基地的快速检测室，自上而下对于质量的多重把关，确保农产品质量硬气，确保基地人心中有底气（图 5-18-3）。"附带农产品合格证上市，鑫赛菜这张名片正在被越来越多的人所认知。"合作社副理事长郭先刚如是说。

图 5-18-3 加强农资经营网点监管检查，抽检带证上市的蔬菜产品

2. 强化准出准入关，无缝衔接的全程监管

拉萨市农产品质量安全到目前已基本构建"两大体系"。一是农产品质量安全检验检测体系。目前已建设 1 个市级、6 个县级农产品质检中心（站），还有 23 个乡镇和 10 个生产基地建立了快速检测点，其中就包括鑫赛农产品质量安全快速检测点。二是农资和农产品质量追溯体系。目前拉萨市有种植基地追溯点 11 个、养殖基地追溯点 6 个、屠宰场追溯点 2 个，农资追溯点 17 个。"对带证上市的农产品，100% 纳入例行、风险监测范围，切实加大监测力度，从产地准出的关口保障农产品质量安全，擦亮合格证的身份名片。"拉萨市农业农村局监管科负责人说（图 5-18-4）。

图 5-18-4　带食用农产品合格证上市销售的蔬菜

3. 创新监管模式，不断补齐监管制度短板

在监管机制完善上，针对农业执法力度和处罚尺度问题，拉萨市专门制定出台《拉萨市农产品质量安全责任追究制度》《拉萨市农产品质量安全"黑名单"管理制度》《拉萨市农牧产品重大案件挂牌督办制度》等，在联合执法、重拳打击上迈出了坚实一步。正是由于在体系建设、制度层面不断完善，拉萨市农产品从"产得出"到"管得住"，质量层层把关，目前，拉萨市已成为全区首个集国家、自治区、市三级农产品质量安全县全覆盖的地级市。"有了农产品质量安全县的整套制度和措施作保障，试行农产品合格证制度的质量基础就更加有保证，承诺合格的底气就更加充足。"拉萨市农业农村局监管科负责人说。

（三）试行食用农产品合格证制度的成效

以农产品质量安全县创建夯实质量基础，以试行农产品合格证制度促进放心消费，2020 年刚刚试行的食用农产品合格证制度就是一剂良方，小小合

格证上不仅标明了农产品的名称、数量、开具日期、生产主体、承诺声明等信息，还印有醒目的二维码，消费者可以扫码查看该农产品生产溯源信息。带证卖菜，卖的人放心，买的人也放心。无数个像"鑫赛"合作社的农产品生产主体，其安全放心的农产品正在凭借合格证这张"身份证"源源不断地销往市场、进入人们的餐桌。农产品合格证，让生产基地的产品销售更畅了，让消费群体的消费更加透明、放心了！

十九、合格证助推"象山柑橘"品牌价值提升

——宁波市象山县柑橘产业联盟

（一）生产主体基本情况

象山县柑橘产业联盟是象山县柑橘产业的社会化服务组织，成立于2018年，目前拥有会员490名，主要品种为"象山红美人"，种植面积2.2万亩，总产值突破3.5亿元。

（二）合格证试行措施

1. 会员带头示范，增加合格证的市场曝光度

联盟高度重视柑橘品质和质量安全，将推行合格证制度作为提高品质和品牌公信力的重要抓手。对"象山柑橘"公用品牌的会员设置准入门槛，每个会员配备PC端或手机端合格证打印机，纳入宁波市农产品质量安全监管平台管理（图5-19-1）。目前，247家会员实现电子合格证准出，开具使用合格证38.4万张，销售带合格证柑橘5 000余吨，有力提升了合格证的市场普及率和影响力。

图 5-19-1　合格证样式及打印设备

2. 严格把控质量，保障合格证的公信力

联盟对会员开展绿色栽培、法律法规、合格证使用等方面培训教育，提高质量安全意识；产品上市前，每个会员主动接受农残定量检测（图5-19-2），检测合格方可开具合格证。采购商和消费者通过手机扫一扫合格证，不仅能知道生产主体基本信息，也能了解培训和检测结果等信息，基本形成了"上市前检测、检测合格上市、上市张贴合格证、市场信息公开"的质量保障体系。

图 5-19-2　上市柑橘农残定量检测全覆盖

3. 携证展示展销，提高"象山柑橘"知名度

在联盟组织会员参加全国各类展示展销活动中，广大消费者扫码合格证了解象山柑橘相关信息，不仅简化交易流程，而且能招揽"回头客"，产品知名度大幅提升。可以说合格证有力助推"象山柑橘"获得淘宝、京东、盒马鲜生等电商平台的青睐，2019年线上销售2亿元（图5-19-3）。

图 5-19-3　参加展示展销、电商平台销售

（三）食用农产品合格证试行成效

1."象山红美人"柑橘效益突出

联盟推行合格证后，2019年红美人柑橘栽培面积2.2万亩，投产0.8万亩，平均售价36元/千克，最高120元/千克，亩均收入5万元，最高20万元/亩，比普通柑橘翻了10倍，总产值突破3.5亿元，柑橘产业蜕变为黄金产业（图5-19-4）。

图5-19-4　红美人柑橘高品质、高效益

2."象山柑橘"区域公用品牌价值提升

联盟会员推广使用合格证，极大促进"象山柑橘"区域公用品牌价值提升。"2019中国果品区域公用品牌"价值评估结果显示"象山柑橘"区域公用品牌价值高达21.14亿元，在125个果品区域公用品牌的价值评估中列第37位（图5-19-5）。

图5-19-5　品牌价值

3.合格证撬开我国香港市场

象山大畅农业公司和象山青果水果专业合作社两家企业积极开拓港澳市场，在海关备案基地申请过程中，企业因采购方需求充分利用"合格证"，获取客户信任与肯定，成功将"象山柑橘"打入我国香港市场，销售价格比内地提高30%以上（图5-19-6）。

图 5-19-6　象山柑橘打入我国香港市场

二十、提质量保安全　合格证助天安

——北京天安农业发展有限公司

（一）生产主体基本情况

北京天安农业发展有限公司前身为小汤山特菜基地，始建于1984年。主要从事蔬菜的生产、加工和销售，产品品牌为"小汤山"。目前公司在全国各地拥有近万亩生产基地，拥有大型现代化加工配送车间、冷库、鲜切蔬菜加工车间和生产线。产品主要通过超市、直配等方式销售，已在北京150余家商场超市设立"小汤山"蔬菜销售专柜，日常供应的蔬菜品种150余个，年生产供应量860万千克。

（二）食用农产品合格证试行具体措施

1.建立企业内部合格证管理制度，强化部门分工协作

根据农业农村部、北京市农业农村局相关文件要求，制定了《北京天安农业发展有限公司关于食用农产品合格证开具及使用的管理制度》，从产品源

头管控、合格证开具和使用管理、企业内部职能分工等方面，保障合格证制度实施。所有供应基地送货均需提供食用农产品合格证，拒收无合格证产品。部门分工与合作方面：由质量管理部负责制度的审定和发布实施，对执行过程进行监督管理；生产供应部负责对供应基地进行宣传和普及，对合格证开具进行复核监督；供应基地负责开具本基地产品的合格证；加工配送部负责合格证的打印、粘贴，确保合格证信息准确无误。

2. 采用全市统一的合格证规格和样式，体现北京特色

合格证采用北京市农业农村局设计的统一样式（图 5-20-1），通过突出"我承诺：对产品质量及合格证真实性负责"，强调合格证的自我承诺特点。根据产品特点选择使用两种合格证规格，其中小包装产品粘贴 2 厘米 ×3 厘米的"电子合格证"，小巧便捷，不影响产品美观度，通过二维码扫描可显示合格证完整信息；大包装产品粘贴 5 厘米 ×7 厘米的"标签式合格证"。合格证的打印主要借助"北京市食用农产品合格证公共服务平台"（图 5-20-2），北京市农业农村局开发此平台并将全市各主体的名称、简介、认证等主体信息录入了"服务平台"，每次开具合格证只需输入产品信息，选择合格证类型就可方便快捷地打印，同时，还将合格证开具与质量安全追溯相结合，在平台录入产品生产记录、检测报告等信息，在合格证上通过追溯码向消费者展示。

图 5-20-1　电子合格证和标签式合格证样式　　图 5-20-2　合格证公共服务平台

3. 加强产品质量控制和人员培训，确保产品和合格证双合格

首先是控制源头，组织各产品供应基地积极落实合格证制度，严格生产过程管理，确保产品质量安全，要求供货基地以自检合格、委托检测合格、内部质量控制合格、自我承诺合格作为开具合格证的依据，确保其产品质量安全，对合格证的真实性负责。其次是人员培训，在企业质量控制培训中，

增加了关于合格证制度的相关培训，细化合格证的开具和使用各环节要求，责任落实到人，做到合格证规范开具、合理使用。最后是检验把关，验货员每日进行产品抽样农残速测，并对合格证的信息进行审核，确保产品和合格证双合格（图5-20-3、图5-20-4）。

图 5-20-3　检测员对产品进行检测　　　　图 5-20-4　为合格产品粘贴合格证

（三）试行食用农产品合格证制度的成效

一是得到消费者的认可。自试行食用农产品合格证制度以来，贴有食用农产品合格证的产品受到了广大消费者的认可和欢迎。二是有利于质量安全追溯。随着食用农产品合格证制度的实施，公司建立了精准溯源程序，对每天开具的食用农产品合格证进行归档管理，这为出现食品安全事故时的追溯调查工作做好了充分的准备。三是提高了生产基地责任人的安全意识。合格证精准溯源的程序也使得供应基地明晰自身责任，对产品质量时刻保持高敏感度，让产品安全更有保障，提供最安全的货源也成为供应基地不可推诿的责任，提高了其安全管理意识（图5-20-5）。

图 5-20-5　带合格证的"小汤山"农产品进入超市

二十一、落实农产品合格证　守护百姓舌尖安全
——黑龙江省宝清县伶俐采摘园

（一）采摘园基本情况

宝清县伶俐采摘园始建于 2015 年，位于宝清县城东南 4 千米处，依饶公路东侧，宝清县现代农业科技示范园园区内，美丽富饶的三江平原腹地，富硒核心区域，采摘园占地面积 45 亩，主要种植作物有水蜜桃、葡萄、龙丰、红铃铛以及蔬菜等（图 5-21-1）。

图 5-21-1　伶俐采摘园园区果树

（二）食用农产品合格证采取的措施

一是顺势而为，抓住合格证的"红利期"。紧紧抓住政策出台的好时机，利用好各级扶持鼓励政策。新的食用农产品合格证政策出台后，在县农产品质量安全监管人员指导下，第一时间在 2016 年合格证 1.0 版的基础上，升级到 2020 年合格证 2.0 版，新的食用农产品合格证使用更加便利、开具更加自主、内容更加完善，加上宝清县是国家农产品质量安全县，园区又在现代农业科技示范区，为产品销售增添了亮丽的"金名片"。

二是借力提升，推进标准生产"合格化"。食用农产品合格证是一种质量标识，注重在生产中发挥好合格证引领作用。把在参加省级培训《良好农业规范和农药安全使用技术》GAP 理论应用到合格证使用的实践中，邀请县农

技老师对园区生产人员进行培训，讲解种植、用药知识和技术，生产中把好投入品关、把好用药间隔期关、把好生产记录关，采取内部质量控制提升葡萄等水果产品质量，确保销售产品批批合格、件件合格，把标准化生产转化为产品优势、质量优势和市场优势。

三是注重应用，把产品和合格证有机统一。园区自试行食用农产品合格证以来，按照县监管工作要求，从生产源头上把好农产品质量安全第一关。按照统一内容、统一样式、统一品种印制食用农产品合格证。严格做到一个品种一个码、一个品种一个证，一个批次一个证、一个箱（筐）子一个证，便于消费者知晓，也实现了来源可追溯、信息可查询。

（三）食用农产品合格证制度带来的成效

1. 合格证架起了与客户沟通"连心桥"

以前没有合格证时，客户总是不放心食品安全，总是担心有农药残留，担心不是有机绿色的，尽管反复解释，仍有客户半信半疑。现在有了合格证，里面有批次、产地、电话号码，加上园区负责人的承诺签名，拉近了园区和客户的关系。

2. 合格证制度约束生产"规范化"

合格证的实施让老客户对园区产品更加信任，同时也时刻叮嘱园区工人，承诺了就要做到，不使用违禁农药化肥，保证生产的葡萄都是绿色有机的，可以不用清洗直接食用，在生产种植上，一旦发现有病的叶子，马上人工清除掉。园区采用设施栽培和"无公害"生产技术，生产过程中不使用禁限用农药、不使用非法添加剂、遵守农药安全间隔期、销售的农产品符合农药残留食品安全国家标准。几年来，园区种植水果以其口感好、含糖量高、保鲜时间长等特点，受到了各地宾客的一致好评（图5-21-2）。

图5-21-2　带合格证上市销售的葡萄

3. 合格证推行鼓起了"钱袋子"

2020 年实行合格证后，自我承诺，让消费者信任，每个批次都带合格证，销售商越加信任我们，市场的美誉度也越来越高，吃过一次的客户，下次也不用特意宣传，主动就会选择园区的商品，2020 年销售比 2019 年多了 500 多箱，收入也比 2019 年多了 30 多万元，合格证让园区生产的葡萄和消费者更贴心、更放心了。

二十二、一张证承载安全　一个瓜"甜"满心间
——上海珠丰甜瓜专业合作社

（一）生产主体基本情况

上海珠丰甜瓜专业合作社创办于 2007 年 7 月，是《中华人民共和国农民专业合作法》颁布后金山区首家农民专业合作社，主要生产以"珠丰"牌注册商标为主的优质西甜瓜。

近年来，上海珠丰甜瓜专业合作社坚持以品牌建设为抓手，狠抓标准化生产，以打造"珠丰"甜瓜品牌和"珠丰"系列优势农产品产业链为重点，生产的农产品赢得了市场的认可、消费者的欢迎和上级有关部门的好评。现已通过绿色食品认证，正在申请有机食品认证。

（二）食用农产品合格证试行具体措施

1. 区、镇指导，统一印制，一瓜一证

上海珠丰甜瓜专业合作社主要以瓜果类为主，作为金山区朱泾镇最早运行合格证制度的生产主体，在金山区农业农村委、朱泾镇农业部门的指导下，根据《金山区试行食用农产品合格证制度实施方案》系列宣传海报要求，设计合格证样式，做到简单明了，并由镇级部门统一印发。一瓜附有一证售出，零售或礼盒包装均附带合格证上市，扫描合格证二维码即可从国家农产品质量安全追溯管理平台上获取合作社信息、地址、生产情况等，有力确保上市农产品的可追溯、可监管（图 5-22-1、图 5-22-2）。

图 5-22-1　合格证样式　　　　　图 5-22-2　甜瓜粘贴示意图

2. 分工明确，专人专管，数据统计

本着守好农产品质量安全底线，强化企业自身农产品质量安全第一责任人的意识，珠丰合作社明确分工，制定专人负责合格证粘贴包装工作，按照采摘日期填写上市日期。作为合格证专管员，合作社社员老马每天根据采摘量、销售量，对售出的甜瓜在瓜体中央粘贴好合格证，不符合销售标准的产品直接进行回收。同时，每售出一批甜瓜，老马就做好合格证开具数量、上市产量的统计工作，做到销售可追溯（图 5-22-3）。

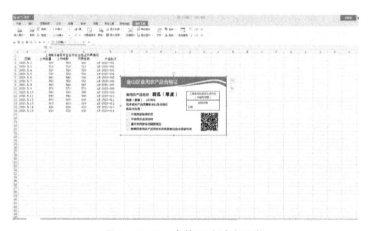

图 5-22-3　合格证统计电子版

3. 详细明确，及时上报，做好备案

合作社负责人定时将每周开具的合格证数据报送给镇农技站报送，镇农技站做好备案，记录销售渠道和采购方基本信息，确保农产品流向明确化、追溯化，以此提高在上市流通期间产品突发问题的解决效率，并以此作为区、

镇农业监管部门日常巡查、执法检查的依据。通过检查合作社合格证使用情况，粘贴是否规范，记录是否详细，记录数据与使用张数是否相符，工作台账是否保存妥当，区、镇指导、监管条线将继续做好监管和指导工作。

（三）试行食用农产品合格证制度的成效

1. 统一思想，自觉主动行动

农产品生产者根据农产品质量安全国家强制性标准和农业农村部相关文件及会议精神，在严格执行现有的农产品质量安全控制要求的基础上，对所售的食用农产品出具质量安全合格承诺书。合格证的开具让生产主体在思想上更加重视食用农产品的安全责任，自觉学习了解宣传合格证、主动要求采购商收取合格证，一改以往"上级部门来检查严阵以待准备充分，不来检查随便管理"的被动心理，形成了良好的生产、销售氛围。

2. 自提门槛，提升竞争优势

合格证目前正逐步成为市场的准入门槛，在同等的农产品中具有特殊竞争力，容易被采购方尤其是大型电商销售平台、消费者认可和接受，一定程度上起到了促进消费、扩大销售渠道的作用。

3. 实现追溯，增强安全意识

合格证是上市农产品的"身份证"，生产者的"承诺书"，质量安全的"新名片"，对进入流通、市场的农产品起到留痕可追溯、质量可监管的作用，倒逼生产主体更加重视食用农产品的安全生产问题，不断增强农产品质量安全意识。

二十三、小香菇大产业　擦亮产业新名片

——河南省汝州市温泉食用菌发展有限公司

（一）生产主体基本情况

公司位于河南省汝州市温泉镇朱寨村西 1 千米处，公司流转土地 162 亩，共有 14 间办公大楼，82 个香菇大棚，是以生产、销售、技术推广、高产菌种及菌菇产品为一体的食用菌企业。

（二）食用农产品合格证试行具体措施

1. 源头治理，严把生产关

为了消费者舌尖上的安全，本公司坚持从源头治理，严把进料关，从购买木屑、麸皮、石膏等基料做起，建立进料台账，将各种原料信息录入追溯平台管理，同时，与购销方签订合同，注明购销方为药残责任方，一经发现药残超标，立即解除合作关系，并上报相关部门，由购销方承担相应后果，这在一定程度上对购销方起到了约束作用。定期召集合种植户开展香菇种植培训活动，提高农户种植技术水平，从而提升香菇品质。

2. 纳入追溯体系，开展产品自检

2019年，公司纳入农产品质量安全追溯体系，建立了专用检测室（图5-23-1）。为确保香菇质量，保障消费者舌尖上的安全，每批香菇上市销售前，质检员都会随机抽取香菇样品进行检测，主要的抽检内容有霉菌、金属物、矿物质等，检测合格后，才能开取合格证，附证上市销售（图5-23-2）。

图5-23-1　公司检测室

图 5-23-2　带证上市的食用菌产品

3. 采用两种形式，确保质量安全

自 2020 年汝州市全面试行食用农产品合格证制度以来，公司高度重视，安排专人学习，严格落实该项制度，每批产品销售前必须开展产品自检并主动出具合格证，实现农产品合格上市、带证销售。采用手写版及机打版两种形式的食用农产品合格证（图 5-23-3），方便快捷，并且消费者可通过扫描机打版合格证上自动生成的二维码直接查看产品信息及生产过程中的农事活动、检测、采收、包装销售等信息，提高了其购买力。

图 5-23-3　公司开具的机打版及手写版合格证

（三）试行食用农产品合格证制度的成效

由于合格证制度的实施，公司更加注重香菇产品质量安全，特别是进料、高温灭菌、基地除草等各个环节的操作，且随着食用农产品合格证制度的推行，吸引了外省购销客户慕名到公司签订香菇购销合同，扩宽了销售渠道，提高了产品销量。截至 2020 年 8 月 30 日，公司共开具合格证 800 多张，销售附带合格证的香菇 1 800 多吨。

第六章

畜牧业主体实施合格证制度实践案例

在全国试行食用农产品合格证制度方案要求试行品类中，畜牧业产品包括畜禽和禽蛋，由于我国在对生猪和猪肉的管理上已有一套完整的制度体系，同时在屠宰环节也有相对健全的检验检疫要求，因此合格证试行中要求的畜禽主要指除了生猪以外的活畜活禽。相较于种植业产品，畜禽和禽蛋均属于附加值较高的农产品，养殖主体在实施合格证后，往往能够实现更高的经济收益，因此实施合格证制度的畜牧业主体数量增长迅速，在合格证的设计上也颇下功夫。本章在全国范围内收集、筛选了9个畜牧业主体实施合格证制度的典型案例经验，供读者参考借鉴。

一、试点先行 齐抓共管 食用农产品电子合格证助力蛋品企业

——吉林省高家店兴晟蛋鸡养殖场

（一）生产主体基本情况

吉林省高家店兴晟蛋鸡养殖场建于2013年，位于农安县高家店镇九德号村鞠家屯，占地面积15 000平方米，建有现代化、标准化、自动化蛋鸡养殖舍5栋，圈舍面积4 300平方米，现存栏"京红一号"品种蛋鸡60 000只。蛋品主要销往长春、松原及农安各大超市。

（二）食用农产品合格证试行具体措施

1. 试点先行，推行使用农产品合格证制度

2020年2月底，农安县首次开展食用农产品合格证制度试行工作，兴

晟蛋鸡养殖场第一时间通过微信公众号、标语、明白纸、"放心农资下乡宣传周"等渠道，开展试点工作，主动领取和开具合格证，开出了第一张蛋品可追溯食用农产品电子合格证，有力助推了农安县食用农产品合格证制度的推广。

2. 一箱一证，确保合格证信息全程可追溯

7月28日，在省、市畜牧部门的大力支持下，依托吉林省森祥科技有限公司，兴晟蛋鸡养殖场开出了第一张蛋品可追溯食用农产品电子合格证。电子合格证不但内容符合农业农村部的基本要求，还嵌入可追溯二维码，一箱一证，来源去向可查（图6-1-1）。可追溯合格证应用了区块链技术，确保合格证信息全程可追溯且不被篡改。通过扫描电子合格证上的二维码，进货商和消费者可以看到养殖主体对产品质量安全的真实承诺，了解蛋品的产地、品种及养殖企业等信息；监管部门亦可凭此迅速召回问题商品。

图 6-1-1　一箱一证，确保合格证信息全程可追溯

3. 践行承诺，保证出厂蛋品质量安全

通过县农业农村局工作人员对兴晟蛋鸡养殖场的培训和指导，场长李显

军认识到合格证是对养殖企业本身的一种约束，是对养殖场违禁药品的添加以及生产流程的严控把关。作为食品安全第一责任人，他积极践行合格证的承诺内容，不使用禁限用药品，不使用非法添加物，销售的蛋品均符合农药兽药残留食品安全国家标准。2020 年，兴晟蛋鸡养殖场的产品在省、市、县三级风险监测抽检中，合格率均为 100%。通过试行食用农产品合格证，李显军的蛋鸡养殖场有了自己的电子名片。

（三）社会共同关注，电子合格证带动中小农户完成自我升级

兴晟蛋鸡养殖场开出第一张可追溯电子合格证后，新华网、吉林畜牧兽医（96605 微信公众号）、吉林日报、新华财经等网站、报刊先后对此进行了报道。县农业农村局以此为契机，为县域内 12 家养殖场（户）免费安装了食用农产品电子合格证开具软件和设备，开展了 2 期技术培训，带动了 74 家规模蛋鸡养殖场和 30 多家水果、蔬菜等合作社（基地），推行食用农产品合格证电子出证技术，使辖区内中小农户完成了自我升级。通过试点企业的示范引领，已初步形成农产品种植养殖生产者在自我管理、自控自检、自我承诺的一种新型农产品质量安全监管制度，为实现农产品质量安全由"管出来"向"产出来"转变奠定了基础。

二、鸡蛋有身份　消费更放心

——安徽省宿州市泗县安徽省新联禽业股份有限公司

（一）生产主体基本情况

安徽省新联禽业股份有限公司（以下简称新联公司）始建于 1982 年，主要经营蛋鸡饲养、蛋鸡苗孵化、青年鸡育雏、饲料生产、鸡蛋加工、销售、行情信息服务等业务。

（二）食用农产品合格证试行具体措施

1. 成立领导小组，全力推进合格证试行工作

新联公司成立由董事长陈辉任组长，品控部经理姚爱叶任副组长，生产、技术、销售等部门负责人为组员的项目推进小组。各小组成员明确职责分工，

各司其职，根据要求设计、印刷出《安徽省泗县食用农产品合格证》，各项工作在新联公司全力推进下顺利实施（图6-2-1）。

2.用心设计样本，规范管理使用合格证

新联公司综合考虑开票效率、票证管理、追根溯源、一证"多用"等因素，合理设计合格证，并规定合格证入库和领用时均需做好详细的登记，每一本合格证必须按序号开具，出现书写错误，不得随意涂改，必须作废处理。一本用完归还时，必须检查是否存在跳号、漏号、涂改使用等情况。

图6-2-1　新联公司印制的食用农产品合格证（样本）

3.全力落实制度，全面实施鸡蛋有"证"上市

新联公司要求鸡蛋送货员在对商超、食堂、酒店等提供鲜鸡蛋时，必须向客户提供一份已签章的食用农产品合格证。这样一来，对于蛋鸡产品的质量安全，就形成一种自我加压、倒逼其加强树立食用农产品质量安全意识，主动制定预防措施，避免出现质量和安全问题，确保上市蛋鸡产品食用安全（图6-2-2、图6-2-3）。

图6-2-2　工作人员检查蛋鸡生产情况　　图6-2-3　在合格证上签署生产责任人姓名

（三）试行食用农产品合格证制度的成效

1. 产品销量得到提高

试行食用农产品合格证制度以来，新联公司共开具合格证451份。2020年5月1日至7月30日，泗县地区鸡蛋销售量为745吨，同比增加155吨，固定客户（超市、酒店、食堂等）数量由2019年的185家，增加到216家，其中最为明显的就是几家大中型超市和学校的食堂，因为从制度上对产品安全性有了进一步保障，从而更安心的选择新联公司附带合格证的鸡蛋产品（图6-2-4）。

图6-2-4　送货到合作超市

2. 企业口碑大有提升

因为食用农产品合格证的使用和推广，提高了客户群体对企业和产品安全保障认可度，增加了客户对公司产品的信赖程度，同时通过口口相传，带动部分潜在客户购买公司的产品，在一定程度上促进和引导着全县食用农产品经营企业，在全面实施食用农产品合格证制度上起到了新型农业经营主体示范作用。

3. 产品质量获得保障

企业自我加压，努力提升产品质量，始终坚持保障蛋品安全，坚持提升鸡蛋品质，在"新鲜、安全、营养、美味、洁净"五大方面做出承诺，使鸡蛋箱箱能追溯，批批附带合格证，让更多消费者吃上放心蛋（图6-2-5至图6-2-7）。

图 6-2-5　工作人员抽检鸡蛋

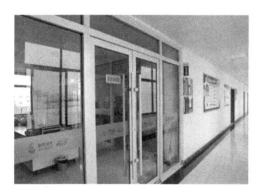

图 6-2-6　新联公司检测室

宿州市新联禽业公司无抗检测报告单

样本信息：曹加强 养殖场		产品名称：鲜鸡蛋	检测时间：2020.7.25
序号	检测项目	限值ug/kg(ppb)	检测结果	单项结论
1	四环素类	60	阴性	合格
2	甲硝唑	10	阴性	合格
3	磺胺类	100	阴性	合格
4	氟苯尼考	0.2	阴性	合格
5	氯霉素	0.1	阴性	合格
6	金刚烷	15	阴性	合格
7	阿莫西林	35	阴性	合格

检测人：王露露　　　品控主管：　　　　　　　　　　　报告日期：2020.7.25

图 6-2-7　鸡蛋抽检报告

三、农产品合格证　生产者—消费者的安全纽带

——福建省泰宁县福建冠达农牧开发有限公司

（一）生产主体基本情况

福建冠达农牧开发有限公司位于福建省泰宁县开善乡岩坑村，规划用地180亩，主营生猪养殖，公司严把生产关，及时提升生猪养殖技术，引进自动加工饲料、送料、投料等封闭式全自动化设备，大幅度提高生产效率，生猪年出栏量8 000余头，年均收入4 200万元。

（二）食用农产品合格证试行具体措施

1. 指定专人负责，严格落实两证相挂钩

"现在政府对农产品安全管得很严，我公司每卖一批生猪之前都必须做一件事就是赋码出证，我不赋码出证是开不了检疫证的"，公司林总说道。2020年2月合格证试行以来，公司严格实行食用农产品合格证/追溯凭证与动物检疫合格证挂钩制度，指定专人负责，建立微信群，实行"企业—监管人员"与"企业—购货方"沟通交流零距离，落实好每一批次生猪的食用农产品合格证/追溯凭证与动物检疫合格证一一关联对应，公司共赋码出证665批次，附证销售的生猪共8 658头。

2. 实行奖惩制度，提升企业内生动力

为了落实合格证工作到位，提高员工责任感与积极性，公司实行奖惩制度，当年食用农产品合格证落实工作未被各级农业农村部门通报的，奖励负责人500元。如果该项工作被通报1次，则批评警告1次，当年被通报累计超过2次的，当年负责人绩效奖金减少发放。

3. 重视抽检与生产记录，保障农产品质量安全

合格证试行后，公司每销售一批猪都委托县或乡镇检测人员进行瘦肉精、非洲猪瘟检测，确保产品有保障，销售更放心，2月以来，瘦肉精检测80批次，非洲猪瘟检测396头份，检测合格率100%。同时及时将饲料、兽药、销售信息等追溯信息上传至省食用农产品合格证与一品一码追溯并行系统，确保追溯信息的真实、准确、完整（图6-3-1）。

饲养记录		喂药记录	
中猪复合预混合饲料	饲养日期：2020-05-17	驱虫药	用药日期：2020-05-19
		阿莫西林	用药日期：2020-04-24
中猪复合预混合饲料	饲养日期：2020-05-07	驱虫药	用药日期：2019-10-01
中猪复合预混合饲料	饲养日期：2020-04-16	多维	用药日期：2019-09-20
		驱虫药	用药日期：2019-09-10
中猪复合预混合饲料	饲养日期：2020-04-03	阿莫西林	用药日期：2019-09-07
中猪复合预混合饲料	饲养日期：2020-03-20	氟苯尼考1	用药日期：2019-09-05
		驱虫药	用药日期：2019-08-10
中猪复合预混合饲料	饲养日期：2020-03-01	驱虫药	用药日期：2019-08-10
中猪复合预混合饲料	饲养日期：2020-02-11	阿莫西林	用药日期：2019-07-15
中猪复合预混合饲料	饲养日期：2020-02-10	实肯耐	用药日期：2019-07-06
		多维	用药日期：2019-07-06

图 6-3-1　饲养记录与用药记录

4. 供销无缝对接，做好源头准出与市场准入

为了推动食品生产经营环节"一证通"试点工作，构建以合格证为纽带，连接"生产者—销售者—消费者"的农产品质量安全体系，实现供销无缝对接。公司生猪销售到美洁生鲜超市都要提供追溯凭证/合格证，超市必须上传相关凭证到省食品安全追溯平台。这样消费者扫追溯码，可以清楚地查看生产环节到销售经营环节，消费更放心，产品非常畅销，公司知名度稳步提升。公司开具给超市的合格证/追溯凭证共 224 张，实现凭证进超市 100%，有效地推动农产品基地准出与市场准入（图 6-3-2、图 6-3-3）。

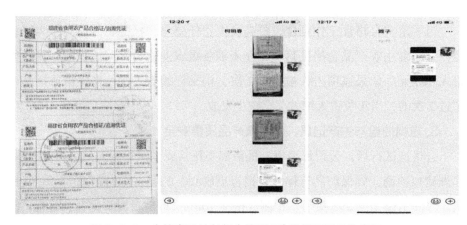

图 6-3-2　乡镇畜牧站长凭合格证/追溯凭证开具检疫证

图6-3-3　市场监管部门对合格证明察暗访与消费者扫码溯源

（三）试行食用农产品合格证制度的成效

1. 实现销量的提升

公司从2019年存栏5 500头提高到现在的8 000头，"现在生猪行情好，而且生猪有了自己的'身份证'，消费安全有保障，扩大产量是必须的"，林总说道。2020年以来公司出栏的生猪8 656头，比2019年同期多出栏了1 834头，增幅26.9%，有了食用农产品合格证/追溯凭证，消费者更信赖公司的产品，存栏量增加的同时，销量自然就上去了。

2. 重视品牌的建设

有了食用合格证/追溯凭证，消费者在商超消费时，通过微信"扫一扫"，就可以直接溯源到公司，产品品质好不好，消费者说了算。公司有了来自消费端的压力后，主体责任意识提高了，更加重视品牌的建设，注重农产品质量安全的把控，积极主动地开展检测或委托检测，让消费者吃到好吃、安全的猪肉成为公司追求的目标！

四、贴上"合格证"　入市不用愁

——江西省九江市柴桑区九江绿康生态农业有限公司

（一）生产主体基本情况

九江绿康生态农业有限公司位于江西省九江市柴桑区马回岭镇，是一家集科普、种植、养殖、休闲旅游于一体的观光型生态园。园区占地面积1 080亩。其中养殖业发展主要是利用公司承包的400亩荒山散养土鸡，年散养土鸡2万羽，日产蛋2 000枚。

（二）食用农产品合格证试行具体措施

1. 源头把控、保障生产安全

消毒工作是畜牧养殖中相当重要的一环，及时对养殖场所进行消毒能够保障鸡的健康成长。养殖过程中，九江绿康生态农业有限公司每天都会安排专人对养殖情况进行记录，鸡舍内每星期都会开展一次彻底的消毒作业，让养殖环境始终保持在一个安全状态。针对户外放养场地，公司每个月都会用生石灰进行消毒。在养鸡防疫过程中，及时进行疫苗接种可以有效帮助鸡免疫病毒侵害、预防疾病。九江绿康生态农业有限公司按照鸡的生长规律安排专业人员给鸡进行疫苗接种。在天气变化前，公司会用中草药黄芪等拌料来喂养鸡，提高它们的免疫力。同时，在秋冬季公司还会用南瓜、红薯及青菜给鸡补充青饲料，让鸡营养均衡。随着管理趋于规范化，区农业农村部门对各个环节均加大监测力度，不仅对即将进入市场的鸡蛋进行检测，同时还对养鸡场的空气、水、饲料等多项指标进行检查，保障了产地安全。

2. 分批抽检、保障质量安全

九江绿康生态农业有限公司月销售鸡蛋6万枚。产品主要销往九江市区及周边农贸市场，鸡蛋的安全问题至关重要。为保障公司销售的蛋品质量过关，公司积极完善农产品质量监管体系，构建"公司主导、部门协作、农户参与、实时监控、全面覆盖"新模式，将农产品检测监管延伸到生产一线，为保障农产品质量安全"零事故"奠定基础。公司每天都会安排专业人员对每一批即将销售出去的鸡蛋进行抽检，做到批批不落，保障销售到市场的产品都是合格的。

3. 一证溯源、保障"舌尖"安全

"民以食为天"，随着生活水平的不断提高和社会经济的不断发展，人们对食品质量的安全越来越重视，对健康食品的需求日益增长。公司作为生产有机鸡蛋的企业，除了在养殖基地安装高清摄像头、对接柴桑区农产品质量安全监管平台外，公司在每一批检验合格对外销售的鸡蛋上都会附加一张"食用农产品合格证"。而这张农产品的"绿色身份证"就是由企业自检、监管抽检后，企业自主出具绿色的、安全的农产品合格证。有了这个"身份证"，消费者就可以通过合格证了解农产品的名称、重量、生产企业联系方式、产地、开具日期、承诺声明等详细信息。扫描二维码还可以清楚的知晓养殖基地的情况和产品的情况，最大限度做到食用农产品可追溯。

（三）试行食用农产品合格证制度的成效

1. 带证产品优质优价

在使用"食用农产品合格证"前，九江绿康生态农业有限公司月销售鸡蛋为4万枚，价格为1.8元/枚。2020年3月使用"食用农产品合格证"后，公司月销售鸡蛋为5万～6万枚，大都销往深圳、杭州、上海等高端市场，售价为2元/枚，每月销售额增加了10 000元左右，预计全年可增收10万元。

2. 一体机开证高效快捷

2020年4月，为加快合格证开具速度效率，公司主动购买了合格证追溯一体机，安排专人接受培训并负责开具，将鸡蛋产品追溯码合并到合格证上，使出具的合格证信息更全面，溯源可追查，信誉有保障，价值有提升。早期，手工开具合格证费时费力，纸张也不是很整洁，有时候遇水会出现涂花表面、模糊不清，而且手工填写一张合格证的功夫，机器可以开几十张。自从购买合格证一体机后，公司销售鸡蛋高峰时有300余箱，需要开具食用农产品合格证300余张，使用合格证一体机只要10分钟就可以完成，非常方便快捷，极大节约了人工成本（图6-4-1）。

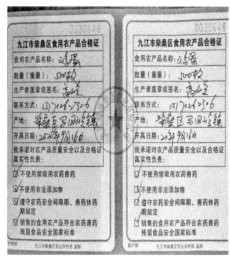

图 6-4-1　合格证开具以机打模式为主，手写为辅

3. 带证产品品牌提升

企业除在生产过程中严格把控外，内部也拥有自检设备——农残速测仪，现在加上这个合格证，"推广市场时我们更有底气了，消费者也能更信赖农产品的品质"，该企业相关负责人说。带"食用农产品合格证"的产品，首先得到了政府部门的认可，顺利与九江市政府机关事务管理局签订了销售合同（图 6-4-2）。同时，鸡蛋市场也由原来的县、市、区销售范围拓展到了深圳、杭州、上海等市场，赢得了他们的认可。这张"绿色身份证"能让顾客吃得更放心，对消费者的这份"安全承诺"也让产品更畅销。"现在经销商客户常

图 6-4-2　带证产品顺利进入商超及政府机关食堂

常打电话提醒我发货的时候别忘了附上合格证，据他们反映，在批发市场，有合格证的禽蛋更受顾客青睐，也能卖出好价钱。有的消费者也会发短信给我：'你卖的禽蛋附带了食用农产品合格证，上面不仅印有你的姓名、地址还有手机号码，说明你的农产品很有信心，作为消费者，我买得舒心、吃得放心！'"，该企业负责人高兴的说道。

五、小小纸条　无声承诺

——重庆市永川区卫星湖街道办事处禽蛋养殖大户肖业萍

（一）生产主体基本情况

肖业萍的养殖场坐落于重庆市永川区卫星湖街道办事处石龟寺村，占地面积 22 亩，投资 360 万元，存栏优良品种蛋鸡 5 万余只，年产鲜鸡蛋 475 吨，年销售额达 380 万元。

（二）食用农产品合格证试行具体措施

1. 善听善学善做

肖业萍是个老实巴交的普通农民，没有太高的学历，却是个实干家。在永川区农产品质量安全中心及卫星湖街道办事处农产品质量安全监管站的帮助下，她制定了完善的质量安全管理制度，建立了完整的兽药、饲料购买记录、兽药使用记录、休药期执行记录、饲料、饲料添加剂记录等档案，并将质量安全信息录入重庆市农产品质量安全追溯管理平台（图 6-5-1、图 6-5-2）。

图 6-5-1　养殖场上墙的安全生产制度

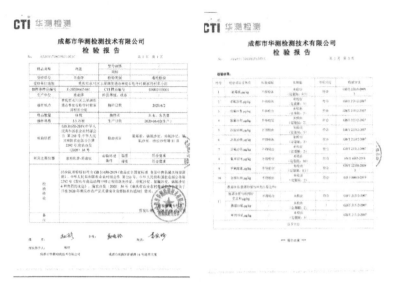

图 6-5-2　养殖场鸡蛋检测报告

2. 我行我素我诚

在接到参加试行食用农产品合格证制度培训通知时，肖业萍感到既新奇又高兴，新奇的是第一次听说"食用农产品合格证"这个新名词，高兴的是她的产品又多了一份对自己产品质量安全的承诺证明，这让她看到了更多的希望。

经过培训，肖业萍很快地掌握了规范开具鸡蛋的食用农产品合格证，坚持每天随销售的鸡蛋开具出规范的食用农产品合格证。销售过程中，经常遇到不需要合格证的分销商，但肖业萍仍会坚持开具合格证，并劝说他们一定要保管好这小小的纸条，因为这是她对产品质量无声的承诺（图 6-5-3）。

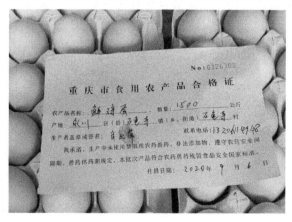

图 6-5-3　肖业萍一笔一画开具的合格证

事后，有人嘲笑肖业萍"开了合格证的鸡蛋又没多卖一分钱，多此一举！肖业萍理直气壮地说：虽然没有多卖一分钱，但是，面对消费者，我敢于承诺我的产品质量，这是钱换不来的！"

（三）试行食用农产品合格证制度的成效

肖业萍认为，合格证纸条虽小，承诺却重如泰山，既然敢于拍着胸脯保证自己的产品，就更要在生产过程中注重产品质量安全。特别是在严格使用兽药、饲料和饲料添加剂上，她积极参加养殖技术培训，虚心向专业的兽医人员请教，多次拒绝上门低价推销兽药、饲料企业人员，坚持购买正规厂家生产的品牌兽药、饲料，严格遵守兽药安全使用规定，确保产品质量安全。

自2020年3月初试行食用农产品合格证制度以来，肖业萍共开具食用农产品合格证127张，附带合格证上市鸡蛋280吨。虽然受新冠肺炎疫情的影响，2020年鸡蛋销量与往年相比，有所下降，但她用食用农产品合格证上的承诺牢牢地留住了客户，让许多分销商对她的产品质量更加信任。

六、一车一证　用好质量"新名片"
——贵州省瓮安县乌江蛋鸡养殖有限公司

（一）公司基本情况

瓮安县乌江蛋鸡养殖有限公司成立于2016年，现有蛋鸡2万羽，示范带动农户15户养殖蛋鸡10万羽。瓮安县乌江蛋鸡养殖有限公司坚持"创建一个品牌、做活一个产业、带动一批农户致富"的思路，推行"公司＋科技示范基地＋农户"的利益联结模式，建立无公害蛋鸡养殖示范基地，形成新的农业产业链。

（二）食用农产品合格证试行具体措施

1.确保一批一证，用好质量"新名片"

坚决落实食用农产品生产主体责任、规范农产品生产经营行为，提升瓮安禽蛋质量安全水平，提高经济效益，推进产业发展。公司于2020年3月率先开出瓮安县第一张食用农产品合格证，并始终坚持一批次一张合格证，截至目前，共开具合格证 45 张，带证上市鸡蛋产品 80 余吨。食用农产品合格证的推广是农产品安全生产的必经之路，贵州的农业产业化道路已经落后于发达省份，在农产品安全的道路上只有先行探路，才能在将来的产业发展道路上越走越好、越走越稳。

2. 强化监督抽检，严把质量关

该公司 2019 年 7 月入驻了国家农产品质量安全追溯管理平台，纳入国家追溯平台系统管理。在生产销售过程中，县农业农村局和江界河镇农业综合服务中心监管执法人员多次到现场指导并规范生产销售行为，指导公司及周边农户科学用药，强调并检查兽药使用安全间隔期的执行情况。瓮安县乌江蛋鸡养殖有限公司同时利用省级农产品质量安全电子检测设备，对每批次产品进行上市前快速检测，上传数据，检测合格后开具食用农产品合格证，让客商放心将其产品运到市场，送到群众的餐桌上。除了企业自检以外，县农业农村局对该企业开具食用农产品合格证的鸡蛋不定期进行了 3 次监督抽检，主要针对喹诺酮等高风险药物残留项目，检测结果均合格（图 6-6-1、图 6-6-2）。

图 6-6-1 鸡蛋产品检测报告

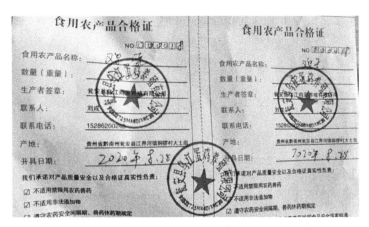

图 6-6-2　鸡蛋产品合格证

（三）试行食用农产品合格证制度的成效

1. 产品竞争力增强

据该企业负责人刘成介绍，食用农产品合格证给企业带来了很大的帮助，提升了鸡蛋产品市场竞争力，因为这小小的合格证帮助企业躲过了上半年鸡蛋价格低迷期，迎来了价格回升曙光。在鸡蛋价格低迷期间，不少养殖场无销路，甚至倒闭，而该企业的鸡蛋销路一直保持很好。

2. 产品安全更有保障

来自广西柳州的客商彭国华表示，2020 年 3 月与乌江蛋鸡养殖有限公司合作，装第一批次货时，该公司就开了一张合格证给他，并解释说这个合格证就是公司的承诺，是他们的信誉。彭国华当时就觉得这个企业可以长期合作。由一开始的迟疑到现在完全信任，主要是每一批次产品都有"身份证"（食用农产品合格证），有质量承诺，这个质量合格是有依据的，看得见的，且可以追溯的，比那些只是嘴巴上说合格的企业更让人放心。

3. 产品市场认可度提升

该公司同时利用国家农产品质量安全追溯管理平台，将平时的管理和生产情况图片等上传至追溯系统，通过系统生成产品追溯码，同时携带食用农产品合格证，张贴在包装箱上，每箱鸡蛋有了代表自己身份的"新名片"。消费者只需要通过手机扫码，产品详细信息便一目了然地显示在手机上。在8 月中旬的 2020 年广州世界农业博览会上，该公司张贴"新名片"的鸡蛋产品吸引了许多客户前来参观，并取得了可观的订单量。

七、多措并举抓落实　合格凭证强追溯

——河南省长葛市桂芹养殖有限公司

（一）生产主体基本情况

长葛市桂芹养殖有限公司，位于河南省长葛市老城镇大赵庄村，以蛋鸡饲养、鸡蛋销售为主，是一家集标准化、专业化、规模化生产于一体的现代化养殖企业。公司现存栏蛋鸡2万只，年产蛋320枚/只，鸡蛋主要销往周边乡镇超市及大型企业，年销量300余吨。

（二）食用农产品合格证试行具体措施

2020年1月以来，许昌市在全市试行食用农产品合格证。市农业农村局、市场监管局先后3次联合印发告知书、通知等，要求食用农产品带"合格证"才能销售。为督促落实，农业农村局、市场监管部门将严把"产地准出""市场准入"两个关口。公司认真落实许昌市、长葛市的要求，强化质量安全主体责任，突出"质量合格""合格凭证"两大要素，销售产品时规范开具合格证，落实食用农产品合格证制度。

1. 转变观念，规范填写

合格证试行初期，公司认为市场上没有要求开合格证，公司开具合格证是自找麻烦。长葛市农业农村部门将合格证试行与网格化监管相结合，监管人员多次到公司宣传、培训，免费给公司送来印制好的合格证，并手把手指导其规范填写。通过宣传培训，公司转变了思想观念，开始主动开具合格证（图6-7-1）。

2. 大胆尝试，引领带动

合格证开具初期，与公司有多年生意往来的商户觉得是多此一举，有抵触心理，公司负责人向商户讲解、宣传合格证的意义及目的，使商户由最初不理解到后来愉快接受。此举带动了周边同行出证的积极性，目前，公司带动开具合格证企业4家，开具合格证126张。

图 6-7-1　长葛市桂芹养殖有限公司出具的食用农产品合格证

3. 定期检测，确保质量

合格证是产品的"身份证"，是公司的"承诺书"，为此，公司积极践行合格证的承诺内容，严控蛋品质量，以疾病预防为主，减少或不使用兽药，严格执行休药期规定，降低药残风险，时刻关注蛋品质量安全，申请监管部门进行监测抽检。2020 年前三季度，接受河南省及许昌市农业农村主管部门检测抽检 6 批次，样品检测结果全部合格。

4. 践行承诺，落实责任

公司加强质量管控的同时，如实记录生产销售档案，做好质量全追溯，及时将企业信息在国家农产品质量安全追溯平台注册登记。销售的每批产品都规范开具合格证，一份留存备查，一份随车带走，并提醒商户保存每批次的合格证，便于产品追溯和监管部门核查（图 6-7-2）。

图 6-7-2　长葛市桂芹养殖有限公司养殖档案及产品销售记录

（三）试行食用农产品合格证制度的成效

1. 产品销量增加

自 2020 年 3 月 14 日起至 9 月 15 日，共销售开具合格证的蛋品 90 余吨，出具合格证 74 张。同比销量增加 3 600 千克，增长 4%。

2. 产品市场认可度提升

开具合格证，公司信誉进一步提升，与公司多年打交道的超市、企业及当地百姓更加信赖公司的蛋品质量，并新增了 2 家超市客户，销量增加了，合格证也被更多的人认同。

3. 产品安全更有保障

公司负责人曾伍军说："试行食用农产品合格证制度对我们企业不仅是压力，更是动力，我们责任心更强了，产品安全也更有保障。"

八、合格证助推质量体系提档升级

——山东省青岛市青岛环山蛋鸡养殖有限公司

（一）生产主体基本情况

青岛环山蛋鸡养殖有限公司成立于 2016 年 8 月，位于青岛市即墨区移风店镇大兰家庄村北，交通便利、环境优美。公司现有占地 1 100 亩的循环农业种植区和一个占地 67 亩的标准化养殖示范基地，基地拥有 12 栋鸡舍，饲养蛋鸡 40 万只。其中产蛋鸡舍 9 栋、饲养 30 万鸡，育雏舍 3 栋、饲养 10 万鸡，是集生产、教学、研发于一体的现代化农牧企业。

（二）食用农产品合格证试行具体措施

1. 试行保障

（1）种养结合，生态农场。基于现代农业的农场化进程，本公司与农场合作共同推动种植养殖生态结合的生产模式，让鸡群科学可控成为林业生态的一部分，实现鸡群还林。"环山牧场健康鸡"来自农业林间。

（2）源头把握，全程控制。只有鸡健康，才能蛋安全。安全无害且营养全面的饲料、二次净化的自来水、整套进口的德国大荷兰人生产设备、智能化的环境控制，配合数字化的生产追溯系统，全方位地保障鸡群的健康。检测、分拣、清洗、干燥、消毒、喷码、包装，全自动蛋品处理系统更是每一枚"环山牧场鲜鸡蛋"坚实的质量保障（图6-8-1）。

原料检验　　　　　　　成品装车　　　　　　　料塔上料

图6-8-1　源头把握，全程控制

　　饲料从原料检测、生产、运输都由专人操作，设备和车辆专用，保证饲料品质可控。

　　（3）日期喷码，新鲜可见。每一枚鸡蛋都喷有生产当天的日期，使消费者明确鸡蛋从生产到餐桌的时间，新鲜看得见（图6-8-2）。在精准营养的基础上，根据市场需求添加天然植物提取物调整鸡蛋风味，生产不同风味的鸡蛋。

鸡蛋分捡　　　　　　　鸡蛋喷码　　　　　　　鸡蛋入托

图6-8-2　日期喷码，新鲜可见

　　（4）批批检测，倒逼升级。蛋品上市前检测，拥有独立的蛋品检测实验室，每批鸡蛋上市前都经品管部门检测，产品质量可控。定期开展产品监测并接受主管部门监督，向社会公示产品质量检测情况，打造"环山牧场"品牌，以为用户提供更营养、更安全的食材为起点，倒逼集团产业链条各环节的资源配置，从源头做到产业链条全要素可控可追溯（图6-8-3）。

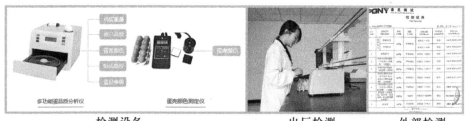

检测设备　　　　　　　　出厂检测　　　外部检测

图 6-8-3　批批检测，倒逼升级

2. 证件获取与应用

"环山牧场"鸡蛋所有合格证均通过青岛市农产品质量安全监管平台互联出具，每一次的出具都在行业主管部门的监控之下，保证了合格证的真实性、可靠性。截至目前，共打印电子合格证 3 613 张，附带合格证上市鸡蛋 3 300 余吨（图 6-8-4）。

（1）筐装是一车一证，一式两联，客户一联，公司一联。

（2）礼品盒包装。以最小销售单位为一张，张贴于包装盒表面。

（3）合格证和销货凭证同步到达市场或客户手中。

平台首页　　　　　　　　　　　　　进入平台

平台开具　　　　　　　　一车一证　　　一箱一证

图 6-8-4　证件获取与应用

（三）试行食用农产品合格证制度的成效

经过一年多的使用对比，更加有利于企业自我加压，从源头和生产过程控制蛋品质量，更利于打造企业鲜鸡蛋的品牌，拓宽销售渠道和提高销售价格，具体见成效见表6-1。

表6-1　试行食用农产品合格证

使用成效	使用前	使用后
销售单价	随行就市，议价弱	凸显品牌，议价强
销售渠道	销售渠道单一	销售渠道多元
质量控制	压力小	自我加压，控制质量
可追溯	不可追溯	可追溯
监管	不利于监管	便于监管
客户认可度	认可度低	认可度高
市场影响力	无标识，无市场影响力	标识明显，市场影响力大

今后，随着产品包装样式的增加，本公司将按照农业农村部的统一要求，全面优化合格证样式，继续强化内部管理，积极配合主管部门监督，不断提升品牌价值，为乡村振兴做出积极贡献。

九、合格证助力丽江市华坪县"笨"鸡蛋出省

——云南省丽江市华坪县成菊养殖有限公司

（一）生产主体基本情况

华坪县成菊养殖有限公司位于云南省丽江市华坪县荣将镇哲理村二组，于2013年11月7日由第三届全国"残疾人自强创业之星"邓成菊组织创立，主要经营家禽家畜养殖、销售。在公司发展壮大的7年里，公司坚持严把农产品质量安全关，不断钻研蛋鸡养殖技术，以产出"生态、健康、营养"的蛋鸡及鸡蛋为目标，始终为客户提供良好的产品和技术支持、健全的售后服务，努力把华坪蛋鸡养殖业做大做强。

（二）食用农产品合格证试行具体措施

1. 开展产地环境保护，建立"专职专责"生产机制

多年以来，公司不断完善鸡舍建筑、配套设施及粪污资源利用装备，逐步推动养殖场向"规模化、标准化、绿色化"发展，不断优化设施设备，为有效提升产品质量提供基础保障。同时，坚持规范、健康养殖生产理念，通过加强制度建设，细化各部门各岗位工作职责及相关要求，用制度明确员工责任，划分养殖技术员、质检员、市场拓展员岗位职责，从严建立"专职专责"绩效考核机制，把产品质量与员工工资收入相"挂钩"，督促公司员工担负起产品生产质量把控责任，严格把控鸡饲料质量和自配料质量，从源头上加强产品质量控制及产地环境保护。

2. 自觉接受监督，签订"三书"，坚持自检自查

公司积极配合主管部门各项监督工作，主动签订畜禽养殖场（户）的告知书、防疫七项主体责任告知书、农产品质量安全承诺书。对照各项签订文书要求，不断调整生产方式，规范自身养殖生产行为，严格履行农产品质量安全生产主体责任，坚持养殖用料和养殖自配料自我检查，坚持不使用养殖违禁药品，健全质量安全应急体系，做好养殖场产地环境保护和疾病防疫，把好产品质量源头关。公司于 2019 年接入云南省农产品质量安全追溯平台，按时将公司养殖信息录入追溯平台管理，自觉接受管理监督。

3. 注重技术交流，提升员工综合素质

在蛋鸡养殖技术上，公司坚持自我探索与学习交流相结合，积极参加农产品质量安全培训、养殖技术培训，不定期召集合作户养殖技术交流活动，力争不断提高工作人员及合作户养殖技术水平，将优质养殖技术传播给周边农户及建档立卡户，力争为科技扶贫贡献一份力。

4. 严格把关，主动参与合格证制度试行

自华坪县于 2020 年 2 月 17 日制定并印发《华坪县试行食用农产品合格证制度实施方案》后，华坪县成菊养殖有限公司主动领取空白《食用农产品合格证》，完成华坪县第一张禽蛋农产品合格证开具。2 月 27 日公司主动改进合格证开具方式，向外省学习开具经验，印刷"贴纸"合格证，并在每一箱散装鸡蛋包装箱上张贴"鸡蛋食用农产品合格证"。3 月 17 日该公司将合格证开具纳入企业生产销售鸡蛋的必备环节,大批量印制"农产品合格证",在鸡蛋上市前严格把关产品质量和重量,给每箱鸡蛋贴上"合格证"(图 6-9-1)。

图 6-9-1　华坪县成菊养殖有限公司食用农产品合格证

(三)试行食用农产品合格证制度的成效

1. 产品销路有效拓宽,市场认可度提升

自 2020 年 2 月 27 日起至 2020 年 8 月 31 日,华坪县成菊养殖有限公司共开具"鸡蛋合格证"1 565 张,附带合格证上市销售鸡蛋达 16.968 吨,公司鸡蛋顺利通过华坪县及攀枝花市农产品及动物卫生检查卡点检查,进入四川省市场。据公司负责人邓成菊说:"后续公司将坚定不移地实行合格证制度,严把质量关,力争把华坪县笨鸡蛋卖得更远。"

2. 销售价格提升,产品质量获得认可

华坪县成菊养殖有限公司坚持合格证制度,注重产品质量和自我监管,积极配合进行云南省农产品质量安全例行监测。在企业生产模式不断规范化和合格证制度的推行下,华坪县成菊养殖有限公司的鸡蛋价格也显著提升,从 2020 年 3 月 1 日的 110 元 / 箱的批发价格上涨到 5 月 1 日 140 元 / 箱,再上涨到 8 月 31 日的 196 元 / 箱,与 3 月 1 日相比同一箱鸡蛋价格涨幅高达到 78.18%,公司实现增收,合格证成了公司产品销售的点金石。

第七章

水产养殖主体实施合格证制度实践案例

在农业生产中，水产品主要包括养殖水产品和捕捞水产品，其中捕捞水产品在生产过程中几乎不会涉及兽药和非法添加物的人为使用问题，因此在全国试行食用农产品合格证制度方案要求试行品类中，水产品仅指养殖水产品。水产品的附加值高，养殖主体的文化水平和生产条件整体较高，因此水产品养殖主体对合格证制度的接受能力较强，且在合格证的设计和开具上也有许多创新，但由于养殖水产品的生产质量管控要求较高，因此相对种植业和畜牧业来说，已实施合格证制度的水产养殖主体数量仍然较少。本章在全国范围内收集、筛选了 4 个水产养殖主体实施合格证制度的典型案例经验，供读者参考借鉴。

一、小小合格证　解决大问题
——重庆市铜梁区少云镇高碑村乌鱼养殖专业合作社

（一）生产主体基本情况

重庆市铜梁区少云镇高碑村乌鱼养殖专业合作社于 2012 年 8 月由返乡农民周远明等 12 户乌鱼养殖户发起成立。该社现有社员 62 户，成鱼养殖面积 2 600 余亩，年产乌鱼 2 000 吨以上，是集乌鱼养殖销售一条龙服务的农民专业合作社，也是西南地区最大的乌鱼养殖基地。该社建有乌鱼繁育中心 500 平方米，年繁育水花鱼苗、规格鱼苗分别达到 5 000 万尾和 500 万尾，年产值 200 万元以上。所产乌鱼除销售到重庆市场外，还辐射到四川遂宁、资阳等地区，并成功打入成都盒马鲜生，产品供不应求。

2020 年初，受新冠肺炎疫情影响，乌鱼出现滞销现象。社长周远明向多个商家询问原因后，意识到要想解决销售难问题，必须要通过一种方式向商家承诺产品质量安全，打消商家对自己产品质量是否安全的顾虑。他迅速到少云镇农业服务中心咨询解决办法。当得知重庆市正在开始试行食用农产品合格证制度时，他眉开眼笑，心头的一块石头终于落地。他马上领取并认真学习了合格证的填写要求和注意事项，同时带领合作社成员认真执行食用农产品合格证制度，严把质量关，慎开合格证，用好合格证这张质量名片，彻底解决乌鱼滞销问题（图7-1-1、图7-1-2）。

图7-1-1　合作社待出售商品乌鱼

图7-1-2　铜梁乌鱼在成都盒马鲜生投放防伪二维码

（二）食用农产品合格证试行具体措施

合作社在试行食用农产品合格证时严格做到以下几点。

1. 两检验一记录，严把质量安全关

合作社采取统一供苗、统一供料、统一供药、统一管理、统一销售"五统一"模式，确保质量安全。产前，对每批鱼苗均要进行孔雀石绿、硝基呋喃类"两药"检测，把好质量安全第一关。产中，进入养殖塘后，社员对进料购药、投料、用药及巡塘实行严格的"四登记"，严格过程管控，实现全程可追溯。产后，售前进行兽药残留安全检测，检测合格后的成鱼才能开具合格证，入市交易，把好质量安全最后一关（图7-1-3至图7-1-5）。

2. 一巡查一指导，严格过程管控

合作社每天安排专职人员对社员的养殖鱼塘进行巡查，巡查乌鱼生长情况、巡查"四登记"记录情况，对巡查发现的问题，发现一个、督促整改一个。同时开展一对一的现场技术指导，有疑难问题及时邀请区水产站协助解决（图7-1-6、图7-1-7）。

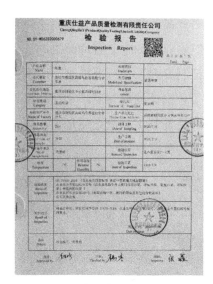

图 7-1-3 乌鱼苗"两药"检测报告　　图 7-1-4 商品乌鱼兽残检测报告

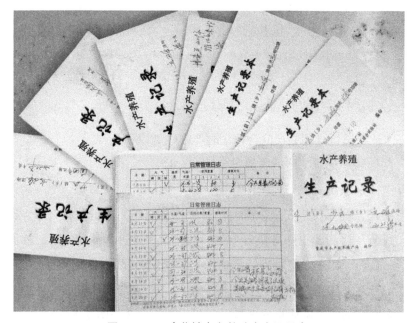

图 7-1-5 合作社乌鱼养殖生产记录本

3. 一批次一张证，用好质量名片

按照食用农产品合格证试行要求，合作社采取一批次（车）开具一张合格证，对检测合格的产品开具一张合格证，随车入市交易，既能减少证件烦琐，也能提供质量安全承诺。从试行合格证以来，合作社共开具合格证

216 张，附证上市成品乌鱼 908 吨（图 7-1-8、图 7-1-9）。

图 7-1-6　社长周远明正在投放饲料

图 7-1-7　社长周远明在进行巡查指导

图 7-1-8　合作社管理人员正在开具合格证

图 7-1-9　合作社开具的合格证

4."一本证一换新"，严格合格证管理

合格证既是"名片"，也是"承诺书"，更是追溯"凭证"。因此，区农业农村主管部门实行按编号登记领取使用，各企业在各自的编号段内开具合格证。并且每次领取一本 50 张，一本开具完后带上存根联换取新的合格证，既强化了监督管理，又方便了追溯查询（图 7-1-10）。因此，合作社严格合格证管理，落实固定人员进行合格证开具和保管，负责换取新证。

（三）试行食用农产品合格证制度的成效

1. 乌鱼销量增加

自 2020 年 3 月起试行合格证以来，共开具合格证 216 张，附带合格证销售乌鱼 908 吨，每月乌鱼销量成倍增长。同比 2019 年同一时间段销量增加 123 吨，增长 15.7%，乌鱼销售不仅没受到新冠肺炎疫情的影响，还增加了销

铜梁区少云镇食用农产品合格证发放登记表

序号	合格证起止编号	生产主体名称	数量	领取日期	领取人签字	联系电话	备注
1	No:0438551-0438600	重庆亿[illegible]农业发展有限公司	1	2020.5.15	[illegible]	[illegible]	
2	No:0438601-0438650	双塘村蔬菜基地	1	2020.3.17	[illegible]	13627646260	
3	No:0438651-0438700	重庆[illegible]农业发展有限公司	1	2020.5.15	陈进德	18983789388	
4	No:0438701-0438750	重庆市铜梁[illegible]合作社	1	2020.4.25	江中	13883636613	
5	No:0438751-0438800	重庆[illegible]农业发展有限公司	1	2020.5.29	[illegible]	[illegible]	
6	No:0438801-0438850	重庆[illegible]有限公司	1	2020.5.15	[illegible]	13638329786	
7	No:0438851-0438900	重庆[illegible]农业有限公司	1	2020.5.20	陈平	18623387010	
8	No:0438901-0438950	重庆铜梁[illegible]养殖合作社	1	2020.5.27	周远明	13638315878	
9	No:0439001-0439050	重庆市铜梁[illegible]合作社	1	2020.5.29	[illegible]	[illegible]	

图 7–1–10　少云镇食用农产品合格证发放登记表

量。社长周远明笑呵呵地讲："合格证是个好东西，不仅仅是良心的承诺，还是产品的名牌，增收的法宝。"

2. 社员收入增加

合作社试行合格证制度后，原来每塘乌鱼都要有质量检测机构出具的兽残检测报告，现在有了合格证，可不用出具兽残检测报告。这样每塘成品乌鱼可免出 1～2 份检测报告，节约检测费 2 000 元左右，一年下来，合作社可省 8 万左右的检测费，每位社员每年又可多赚 1 200 元以上。

3. 乌鱼质量更安全

合作社实行合格证制度后，社员更加注重乌鱼质量，特别是在养殖过程中对乌鱼疾病的防控，更加注重养好水质，以预防为主，尽量减少用药和严格执行兽药休药期制度，降低乌鱼药残风险，保障乌鱼质量安全。

二、统一生产标准　背书产品质量　合格证让高坎淡水鱼走向全国

——辽宁省大石桥市高坎水产养殖协会

（一）生产主体基本情况

辽宁省大石桥市高坎镇是水产养殖大镇，全镇水产养殖面积 4 万余亩，淡水鱼年产量达 8.4 万吨。大石桥市高坎水产养殖协会，注册会员 402 人，占

地面积138亩，年交易量超过1.2亿斤，销售额5亿元，产品在吉林、黑龙江、山西、河北、北京、宁夏、甘肃、陕西等地有广阔市场，甚至远销到湘、鄂、粤、滇、新疆等省区。

（二）合格证试行措施

国家试行食用农产品合格证后，为了切实发挥高坎镇淡水鱼养殖的产业优势，大石桥市高坎水产养殖协会率先发力，申请以协会的名义统一开具食用农产品合格证，由协会对养殖的水产品质量负责（图7-2-1）。

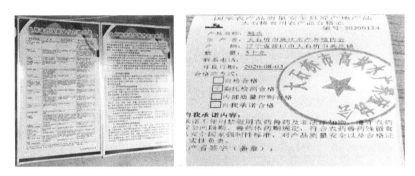

图7-2-1　大石桥市食用农产品合格证、各类制度上墙

1. 统一标准，集体背书

按照食用农产品合格证相关要求，协会会长秦杰带领协会开展"四个统一"，即统一鱼苗标准、统一鱼药标准、统一饲料标准、统一养殖标准，"将养鱼的要紧处用框框固定下来，鱼的品质就差不了"。

2. 规范记录，科学管理

协会组织对协会中养殖户的育苗购置信息、用药信息和养殖规模进行全部摸查，并形成了协会成员养殖信息记录本，对养殖不科学、投入品不合格的会员进行指导并督促改正，当地养殖水平和热情大幅提高（图7-2-2）。

3. 组织抽检，确保质量

为保障产品质量，协会积极配合相关部门对农户的育苗、鱼药和饲料进行不定期抽检，核验产品质量。协会还组织对即将销售的成鱼进行质量检测，通过检测合格的成鱼方可进入市场流通。每年抽查20余次，合格率100%（图7-2-3）。

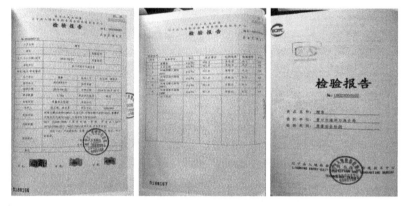

图 7-2-2　水产养殖质量安全生产记录

图 7-2-3　委托检测检验报告

4. 身份背书，效益提升

虽然自己的产品质量过硬，但是消费者不清楚，这问题以前一直困扰协会，自使用食用农产品合格证后，生产过程有记录、产品质量有保障的成鱼都被贴上了"合格证"，产品生产的各个环节皆可追溯到，这是产品的"身份证"，是养殖户的"保证书"，也是消费者的"定心丸"（图 7-2-4、图 7-2-5）。

图 7-2-4　贴合格证上市的高坎活鱼　　图 7-2-5　营口市电视台专题采访

（三）试行合格证的成效

1. 产品销量有所增加

水产养殖协会年产品销量 6.3 万吨，自 2020 年 6 月初到 8 月末，通过协会销售成品淡水鱼共计 1 万余吨，全部带证上市，比 2019 年同期销售成品鱼销量增加 600 多吨，增长率 6% 以上，买家对产品可追溯和合格证制度非常认可。

2. 产品价格有所上涨

自水产协会产品带证上市后，各地进货商更加信任协会产品质量，不但销量上升，成鱼价格照比往年同期也有所上涨，销售商反馈说，现在的消费者愿意为产品的质量买单，合格证制度的实施达到了为养殖户创收的目的。

3. 协会认可度有所上升

自会员们的成鱼贴上"合格证"标签后，越来越多的养殖户提出要加入协会，为的就是自家养的鱼也能贴上"合格证"，卖出好价钱。协会规模在迅速扩大。

4. 产品安全更有保障

由于合格证的实施，会员们尝到了科学养殖、规范管理的甜头，更加注重饲料、鱼药的用法用量，更加注重自家产品的质检结果，经过几次成鱼检测，当地的成鱼品质有了明显改善，消费者也能吃上更加安全、美味的淡水活鱼了。

三、带合格证上市　赋予农产品"健康码"

——湖北省武汉市蔡甸区裕伟生态农业专业合作社

（一）合作社基本情况

湖北省武汉市蔡甸区裕伟生态农业专业合作社（以下简称"合作社"）成立于 2015 年 10 月，注册商标为"裕伟佳园"。现有社员 65 户，流转土地 9 560 余亩，其中稻虾共生面积 5 500 亩，虾蟹混养池塘 3 000 亩，藕虾套养面积 1 060 亩。年生产水产品 700 吨，稻谷 3 000 吨，莲藕 1 500 吨，年产值 8 000 万元。

（二）食用农产品合格证试行具体措施

1. 一张合格证，打开销售关

每年 3 月，合作社生产的小龙虾均被省内外客户预订一空，但 2020 年 3 月，受新冠肺炎疫情影响，省内外客户不敢贸然下订单，合作社没有收到一份订单。此时，湖北省各级农业农村部门正在试行食用农产品合格证，合作社当机立断，向省外一客户开出了第一张食用农产品合格证，"一花引来万花开"，上海、南京等地客户纷纷下了订单，打开了小龙虾的销路。合作社尝到了"合格证"的甜头，在武汉市、蔡甸区两级农业农村部门的指导下，大力探索小龙虾质量安全可溯源，把好准出关。每批产品，经抽检合格后，信息员都会把合格证信息录入追溯平台，打印出电子追溯码，张贴在包装箱上。合格证成了小龙虾的"健康码"（图 7-3-1）。

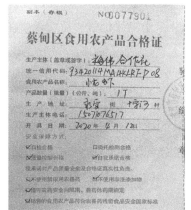

图 7-3-1 小龙虾带合格证上市

2. 一份合同，严控生产关

每年合作社均与各社员签订生产合同，明确种植养殖户生产责任，一经发现药残超标或含有违禁药品，立即解除合作关系，并上报农业农村部门追责处理，把好主体责任关。合作社实行"五统一"（统一供应种苗、统一采购农资、统一技术服务、统一病虫害防治、统一销售产品）经营模式，落实生产记录、投入品采购记录、收购销售记录等台账管理，将合作社种养殖户信息录入追溯平台，规范种养殖户使用投入品行为，把好生产关。组织社员积极参加省、市、区农业农村局举办的种植养殖技术、投入品使用技术等培训活动，提高社员种植养殖技术水平，提升农产品品质，把好技术关。

3.一次自检，严把质量安全关

"裕伟佳园"水产品供应上海、南京、江西、河南及湖北本地。为确保水产品质量安全，合作社建立了自检室。生产及销售期间坚持抽取水产品进行自检，出产水产品做到一批一抽检，密切关注孔雀石绿、氯霉素等禁用药物残留，严把质量安全检测关（图7-3-2、图7-3-3）。

图7-3-2　合作社合作单位及自检室

图7-3-3　合作社小龙虾严格检测

（三）试行食用农产品合格证制度的成效

1. 带合格证的农产品"有销路"

2020 年按照《蔡甸区试行食用农产品合格证制度实施方案》要求，合作社积极探索食用农产品合格证带证销售，取得了初步成效。2020 年上半年小龙虾上市期间，累计开具食用农产品合格证 50 张，销售 77 吨，有了合格证，小龙虾的销量较上年同期增长了 15%。

2. 带合格证的农产品"有收益"

受新冠肺炎疫情影响，全国各地对武汉农产品质量安全心存疑虑。由于合作社的农产品开具了"食用农产品合格证"，承诺了小龙虾质量安全，上海、江西、南京、河南等地客户踊跃下单订购，带证小龙虾比无证的每千克高 5～10 元，合作社每亩收益提高 300～600 元，每户增收 3 万～5 万元。

3. 带合格证的农产品"有前途"

合作社正在创新方式方法，探索"合格证 + 品牌""合格证 + 追溯"样式，进一步示范产品使用合格证的覆盖面，既做农产品质量安全的生产者、也做农产品质量安全的守卫者，保护人民群众"舌尖上的安全"。

四、亮明"身份证" 靓出"新名片"

——天津市益利来养殖有限公司

（一）生产主体基本情况

益利来养殖有限公司坐落在天津市西青区杨柳青镇，现有高标准淡水养殖池塘 660 亩，鱼苗孵化车间 3 000 平方米，形成了一条集良种孵化、繁育、养殖链条体系，主要养殖品种有鲤鱼、鲫鱼、草鱼、鲢鱼、鳙鱼、加州鲈、鲟鱼、南美白对虾等。年孵化鱼苗 1.2 亿尾，辐射带动周边农户养殖 1 200 亩，年生产优质商品鱼、虾 840 吨，年销售收入 750 万元。

（二）试行食用农产品合格证具体措施

1. 积极推动，发挥龙头作用

试行食用农产品合格证制度以来，企业负责人认识明确，把出具合格证视为企业产品的身份标识，更是向社会、市场承诺自身产品质量安全的响亮名片，积极采取措施加以推动落实，并且切实感受到加配合格证带来的好处，水产品价格比之前有所上涨。同时，公司充分发挥自身资源优势，积极联农带农，将试行食用农产品合格证制度告知书等宣传材料发放给企业辐射的农户，不定期组织培训，同时安排技术人员为周边农户进行技术指导，规范使用农业投入品，指导农户依标生产，并为周边农户养殖水产品上市前提供快速检测服务，指导规范出具合格证。

2. 统一管理，实行标准化生产

公司对辐射带动的养殖户实行统一购苗、统一供料、统一用药标准、统一上市检测标准、统一销售的"五统一标准"。建立养殖生产技术操作规程，实施健康养殖，建立完善规范的养殖生产电子档案。提升养殖户的质量安全意识，加强技术培训和现场指导，依照养殖规范进行投喂、用药、生产，确保上市水产品质量合格、食用安全（图 7-4-1 至图 7-4-3）。

图 7-4-1　制度上墙

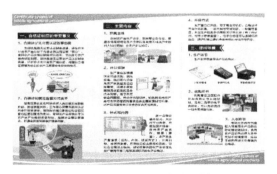

图 7-4-2　发放的宣传材料

图 7-4-3　宣传挂图

3.落实监管员,确保产品质量

企业指定一名具有本科专业学历的专职质量安全内管员,坚持每年接受质量安全培训,且获得企业内检员证书。主要负责企业和辐射带动农户养殖水产品质量标准执行、技术把关和质量安全监督,落实生产过程和产品质量安全自检制度,并负责采集水产品生产信息和追溯数据录入,在产品出售前经快检合格出具合格证(图7-4-4、图7-4-5)。

图7-4-4　追溯系统

图7-4-5　电子档案

4.加强经费投入,强化设备保障

为落实食用农产品合格证制度,公司加大资金投入,更新了电脑和标签打印机,用于出具标签式电子合格证(图7-4-6、图7-4-7)。公司养殖基地检测室增加采购,配备了相应检测设备及耗材,进一步提升了水产品质量安全快速检测能力,苗种出售和成鱼出池时做到批批检测,确保合格后出售。

图 7-4-6　标签式合格证　　　　　图 7-4-7　手写合格证

5.一车一证，实现证随车走

基地销售水产品前，根据各养殖池的生产情况和自检情况，出具食用农产品合格证。每辆运输车只能运输同一池产品，随车出具食用农产品合格证。这些带有二维码追溯功能的小卡片，就是这批产品定制的"身份证"——食用农产品合格证。

（三）试行食用农产品合格证制度的成效

1.进一步提高标准化生产水平

以试行食用农产品合格证制度为契机，公司进一步制定完善了标准化养殖生产体系，建立健全了监管监测制度，强化了质量安全意识，狠抓生产过程控制，产品标准化生产水平显著提高。

2.进一步提升产品市场认可度

合格证制度实施以来，公司产品带有了具有唯一性的"身份证"，合格证更是代表了公司及其产品信誉形象的一张靓丽"新名片"，提升了企业品牌价值和产品认知度，公司产品不仅畅销京津冀地区，而且有山东、山西的客户通过合格证上的信息慕名而来，进一步拓展了市场销售范围。

3.进一步促进养殖户增收

自带证上市以来，消费者对"益利来"产品更加信赖，公司生产的鱼、虾每吨上涨 500～1 000 元，采购商仍然络绎不绝，市场供不应求，带动养殖户平均增收 3 万余元，辐射带动的养殖户增加了 30 余户，养殖面积增加了200 余亩。

第八章

经营环节主体实施合格证制度实践案例

在全国试行食用农产品合格证制度方案中，仅对农产品的生产主体实施合格证制度做出了强制性要求。但随着全国试行工作的不断推进，几乎所有省份均由农业农村部门和市场监管部门联合发文，进一步推进合格证制度在监管全链条的全程实施。因此在一年的试行过程中，全国也涌现出许多批发市场、超市等经营主体实施合格证制度，保障农产品质量安全的好经验、好做法。本章在全国范围内收集、筛选了 4 个经营主体实施合格证制度的典型案例经验，供读者参考借鉴。

一、推行合格证索取查看　促进农产品放心消费

　　——江苏凌家塘市场发展有限公司

（一）流通主体基本情况

江苏凌家塘市场发展有限公司（以下简称市场）是国家农业农村部定点市场、省重点农产品批发市场、省级示范物流园区，创建于 1992 年 9 月，总占地 1 306 亩，建成了水产、蔬菜等八大交易区和 3 万吨冷库等配套服务设施，常驻经营户 2 600 多户，常驻经营人员 9 800 多人，带动劳动就业人员 6 万多人，日进出车辆近 8 万辆，2019 年市场成交额 401 亿元，带动种养殖基地面积 200 多万亩，是农业产业化国家重点龙头企业、全国诚信示范市场。

（二）食用农产品合格证试行具体措施

1. 加强组织领导，大力宣传培训

市场认真贯彻落实《农业农村部关于印发〈全国试行食用农产品合格证

制度实施方案〉的通知》要求和省、市、区农业农村部门贯彻实施意见，把农产品质量安全提升到事关民生保障、市场生存发展、社会和谐稳定的高度来统一思想认识，制定了合格证索取查看推进实施方案，成立了推进领导小组，邀请农业农村、市场监管等部门领导来场授课，通过微信小程序、市场公众号、公示栏、告经营户书等，加强合格证索取查看宣传发动，努力营造良好氛围。

2. 确定试点范围，发挥示范作用

市场经营品种覆盖水产品、蔬菜、果品、粮油荤副食品、冷冻食品等10多类，选择了在有产地证明索取基础的水产区和禽蛋区，经营户有343家，相对应养殖源头供货商1 000多家，开展合格证索取查看试点，有非常好的示范带动作用，能最大化地提高养殖基地加强农产品质量安全的积极性。

3. 开展领照建档，落实主体可查

市场健全完善农产品经营主体档案数据库，对固定经营者全部领取营业执照、食品小作坊证等，蔬菜等五大农产品交易区领照1 365份，做到合法证照应领尽领，经营主体合法化，经营信息电子化，经营主体可查可溯（图8-1-1）。

图 8-1-1 市场经营户领取营业执照、食品经营许可证、食品小作坊登记证

4. 规范操作流程，落实信息可视

市场分区办理农产品入场登记时，将商品登记、合格证索取、查验检测取样收费三合一，一次性索取登记到位，规范操作流程，有效推进了合格证索取查看工作。并对入场商品登记系统实施定制升级，增加电子拍照等功能，记录入场商品合格证明、产地证明等相关信息，做到商品数据系统化、证明

信息可视化（图 8-1-2）。

图 8-1-2　合格证索取查看及新版样式

5. 开展查验检测，落实质量可控

市场投入 57.5 万元，更新了农药残留检测仪、胶体金读取仪和食品安全综合检测仪等更加先进的检测设备，配套了全自动处理仪等相关辅助设备和检测试剂卡，配备了检测人员 23 名，对水产品、蔬菜、水果等鲜活农产品开展查验检测，并与市场监管部门联网，检测信息实时上传，更有效保障了农产品质量安全（图 8-1-3 至图 8-1-6）。

图 8-1-3　开展检测人员培训、水产品检测操作、检测收费公示

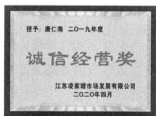

图 8-1-4　合格证索取拍照　图 8-1-5　开展信用分类评价　图 8-1-6　诚信经营奖

（三）试行食用农产品合格证制度的成效

1. 形成机制推动合格证索取

主要形成了三种机制：一是流通倒逼机制。通过农产品批发市场流通环节索取查看合格证，倒逼流通经营者和产地生产者开具农产品合格证。二是差异收费机制。采取提供合规检测报告免检、进场查验检测减半收费、不合格复检、来样送检标准收费，让合格证成为农产品流通的身份证、生产经营者的承诺书、查验检测的优惠券。三是信用评价机制。市场将合格证要求作为入场经营合同、农产品质量安全合同、经营户信用等级评价的重要内容，对经营户开展合同契约管理、信用分级评价，有效推动合格证索取查看。

2. 经营者索证意识明显增强

经过市场的不断宣传和培训，从 2020 年 7 月 20 日合格证试行索取查看以来，市场经营户、产地供货商农产品质量安全意识明显增加，配合索证意愿明显增强，索取合格证（产地证明）5.94 万份，索取率达到 85.4%。

3. 农产品质量安全更有保障

通过检测设备的更新换代，检测项目更合法合规和具有针对性，可根据季节和品种变化进行优化，检测效率全面提升。通过市场加强农产品质量检测工作，促进农产品经营者更加注重农产品质量安全，更加关注农产品基地和种养殖者对农业投入品的管理，杜绝使用禁限用农药兽药和非法添加剂，保证上市农产品符合农药安全间隔期、兽药休药期规定，促进农产品安全放心消费。

二、合格证助力信息传递 提振消费信心

——浙江省嘉善县永辉超市

（一）超市基本情况

永辉超市是中国大陆首批将生鲜农产品引进现代超市的流通企业之一，现已发展成为以零售业为龙头，以现代物流为支撑，以现代农业和食品工业为两翼，以实业开发为基础的大型集团企业。2017 年 9 月 30 日，永辉超市（嘉善银泰百货店）正式开业，位于浙江省嘉兴市嘉善县嘉善大道 399 号银泰百货，总面积达 5 000 多平方米，有着明显的区位优势和人流客户量。

（二）推行食用农产品合格证具体措施

1. 管控源头，把好质量安全生产关

农产品一旦离开产地，就会失去其优质性的判别依据。嘉善县永辉超市实施农产品采购供应端严控机制，通过一套严格的标准、规范的制度筛选放心安全的农产品生产基地，在采购源头就实施质量管控，并以此灵活确定采购主体，把好农产品质量安全生产环节关。同时，为控制产品质量，对每一批进货产品进行检测，永辉果蔬项目采购人员会携带快速检测设备深入田间地头，对采收农产品进行质量检测，只有检测合格才能采收。对于检验合格的产品，采购人员统一将样本名称、产地、供应商、检测结果等信息上传到永辉超市食品安全云网系统，进入配送中心统一配送。

2. 搭建平台，做好质量安全管理

为有效做好质量安全管理工作，永辉超市开展检测站点和食品安全云网项目建设。截至 2019 年底，永辉超市在生产基地、市场、码头、物流中心及彩食鲜工厂已经铺设了 187 个检测站点，覆盖全国 23 个省市，每天可开展 3 000 余批次的生鲜农产品检测。同时，将源头检测站点、品牌农产品溯源信息、商品及订单数据等统一输入永辉超市食品安全云网大数据平台，再通过食品安全云网输出到永辉食品安全云网官网、公众号、超市门店云屏以及政府监管平台等渠道，让消费者能够明明白白查询到相关产品信息，实现农产品质量安全全程管控（图 8-2-1）。

图 8-2-1　食品安全云网

3.产品赋证，实现质量安全可追溯

对于检测合格的产品，嘉善县永辉超市对每一个产品赋予一张二维码合格证，张贴在商品价格牌上，顾客扫描追溯码，就可以看到进货批次、产地、供应商、联系方式、检测报告、主体简介等内容信息。同时在二维码里边还包括"历史批次"查询，消费者点击进去之后可以查看该商品历史进货时间、检测站点以及产地等信息（图 8-2-2）。

图 8-2-2　产品赋证查看检测报告

（三）试行食用农产品合格证制度的成效

1.质量安全可追溯，消费者信心提升

采用一品一码，为每个或每批农产品赋予二维码标识，将产品详细信息上传到追溯平台，消费者通过手机扫描产品上的二维码标识即可追溯到产品的详细信息和企业的相关信息，使消费者更加直观地了解了产品质量安全状况，大大提升了消费者消费信心，不少顾客反映对超市的产品质量更加放心了，也更愿意购买贴有合格证的产品。

2.实现优质优价，市场引力初显

超市每个品种二维码扫描量平均能达到 200 次以上，回头客明显增加。顾客扫描二维码就可以清楚地知道自己购买的产品是哪里生产的，什么时候生产的，什么时候进货的，农药残留怎样，产品的新鲜、安全等信息全部传递给消费者，产品价格超出其他超市 10% 左右的同时，销量也依然能保持稳定增长。

3.打码意识增强，主体积极性提高

推行合格证制度遇到的一大难题就是市场导向机制的缺位，主体积极性不高，通过推行"一证一码"，将二维码和合格证有机结合，不仅提高了消费者的追溯码查询率，还提升了企业形象，提振消费信心，实现优质优价。永辉超市通过开展合格证工作，有力地提升了产品信誉度、产品附加值、品牌效应和企业形象，农产品生产者主动打码意识增强，合格证打印率明显提升，真正实现了"要我做"到"我要做"的转换。

三、严把食用农产品合格证准入关口

——青海青藏高原农副产品集散中心

（一）市场主体基本情况

青藏高原农副产品集散中心占地面积396亩、建筑面积27万平方米，于2013年11月建成投入运营，拥有青藏高原最大的冷链仓储保鲜库，主要保障青海省反季节蔬菜、水果储存销售，累计入驻商户2 600余户，日均进场量2 700余吨，其中日供应拉萨市蔬菜350余吨。2020年3月31日，西宁市食用农产品合格证制度试行以来，集散中心全力配合西宁市农业农村部门开展食用农产品合格证试行工作，积极与省农业农村厅、市农业农村局相关部门协调沟通，合力推进。

（二）食用农产品合格证试行具体措施

1.积极推行食用农产品合格证

青藏高原农副产品集散中心作为西宁市唯一综合性农贸批发市场，主要承担省内农副产品的批发零售业务，自食用农产品合格证制度试点启动以来，严格按照《西宁市农业农村局关于印发〈西宁市试行食用农产品合格证制度工作实施方案（2020—2022）〉的通知》要求，进一步修改完善了市场准入制度，着重对行之有效地"先检测后入市"制度进行了调整，建立了"持证直接入市"制度，即附带加盖印章的食用农产品合格证产品可直接入市交易。加强电子信息平台建设，进一步完善数据分析平台，对进场蔬菜品种、价格、数量、产地进行分析，动态管理，全面掌控"带证入市"产品交易信息，为

保供稳价、推进食用农产品合格证试行工作提供数据支撑。目前，已查验、开具入场交易蔬菜、畜禽产品 5.2 万吨，食用农产品合格证 6.6 万张。

2.倒逼生产者主动使用合格证

青藏高原农副产品集散中心重点对不能提供食用农产品合格证的小散农户，建立"一证一报告"准入制度，即对没有合格证而要入市交易的小散农户，先由集散中心抽样速检合格后，再现场提供各县、区政府部门印制的食用农产品合格证，由入市交易者填写并附带检测报告后进场交易（图 8-3-1）。一方面，为小散农户入市交易提供了方便；另一方面，通过市场倒逼扩大了合格证使用覆盖面。自 3 月 31 日试点工作启动以来，青藏高原农副产品集散中心共协助小散农户出具食用农产品合格证 303 张，销售附带合格证食用农产品 270.4 吨。

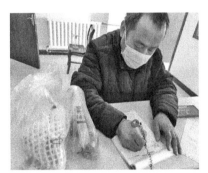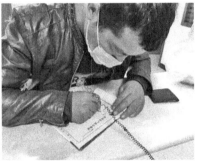

图 8-3-1　散户现场填写合格证

3.加大抽检力度保证舌尖上的安全

合格证制度建立以来，按照《食品食用农产品索票索证制度》《食用农产品质量安全抽检制度》规定，对入市交易的食用农产品采取定期或不定期的抽检，以保证持有食用农产品合格证的农产品质量安全。至 8 月 31 日，完成抽检蔬菜、水果、食用菌等食用农产品样品 10 898 个，发放检测合格报告 10 860 张，检出菜心、鸡毛菜、甘蓝等农残超标样品 7 个（图 8-3-2）。

4.主动协调协作构建监管新模式

食用农产品合格证试点工作启动以来，青藏高原农副产品集散中心按照省、市试行方案"五统一"要求，先后 3 次与区市场监管局、集散中心市场监管所协调召开了现场座谈会、商家动员启动会，共同建立了以合格证制度

图 8-3-2　市场抽检

为抓手的准出、准入衔接机制，实现了与前期"先检测后入市"试点制度全面并轨，探索构建了农产品质量安全监管新模式，助力全省农业高质量发展。

（三）试行食用农产品合格证制度的成效

从青藏高原农副产品集散中心查验合格证的试点实践看，一方面，可以让生产者主动担起责任，从"产出来"一侧自我把关，强化质量安全意识，更加有效的保障质量安全。另一方面，倒逼农产品生产经营主体积极主动实行追溯管理，从"管出来"一侧丰富监管手段，有利于提升综合监管效能。综合实践看，此制度可以把生产主体管理、种养过程管控、农兽药残留自检、产品带证上市、问题产品溯源各项环节都集成起来，把产地准出市场准入衔接起来，把监管效能提升起来，形成责任闭环，让"舌尖上的安全"更有保障。

四、合格证塑造超市新形象

——新疆维吾尔自治区阿克苏地区库车市亿家汇好超市

（一）生产主体基本情况

库车市亿家汇好超市成立于 2003 年，位于库车市天山路新城商贸区内，超市一直以"品质保证、服务专业、顾客满意"为经营宗旨，以"求仁为大、求利为小、真正服务为人民"为经营理念，开拓进取，务实创新，为了保证食用农产品质量安全，自食用农产品合格证制度试行以来，积极主动配合相关行业部门，主动使用、索取、查验食用农产品合格证。

亿家汇好超市目前主要开展针对销售蔬菜、水果、畜禽、禽蛋和养殖水产品等食用农产品的合格证管理试点的使用、索取、查验工作，督促推动经营者和入场销售者规范登记、使用、索取、查验合格证。亿家汇好超市现有使用农产品种植养殖供货商5家，其中，4家供货商使用统一制式的农产品合格证。截至目前，亿家汇好超市2020年上半年查验主体4家，查验合格证540份，查验产品及种类（蔬菜、水果、大肉、牛羊肉）数量共计81 145.32千克。

（二）食用农产品合格证试行具体措施

1. 严把农产品供货关

为了进一步加强推行使用农产品合格证，主动采取倒逼机制，安排专人对供货商的农产品进行查验后准入超市。如供货商在供货时未及时出示合格证，亿家汇好超市将此类商品给予退货处理。通过一段时间的把关准入，供货商从不理解到主动提供合格证，并且有些农产品的品质有了明显提高，部分供货商与超市合作关系更加稳定。

2. 合格证查验常态化

亿家汇好超市安排专人负责，明确责任，对每批产品认真查验，农产品合格证是否按照农产品包装物或标识上应当按照规定标明商品的品名、产地、生产者、生产日期及合格证四项承诺等内容，并做好明细台账进行登记，超市内经营户对妥善保存好合格证存根也非常重视（图8-4-1）。

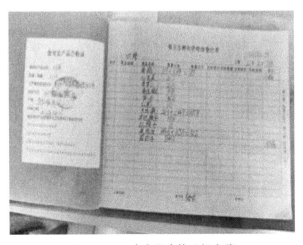

图8-4-1　农产品合格明细台账

3.以快速检测依据验证合格证

为了确保合格证的真实性，亿家汇好超市购买农药残留检测仪器，安排专人对贴合格证产品批批进行检测。通过快速检测，一方面检验了农产品的质量是否安全，另一方面验证了供货商提供的合格证的真实性，让超市的农产品质量更有保障，与供货商一道建立诚信经营的理念（图 8-4-2、图 8-4-3）。

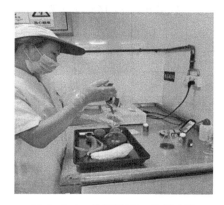 

图 8-4-2　快速检测，保障质量　　图 8-4-3　农药残留公示栏，让消费者放心

4.做好宣传引导

超市每周安排员工进行培训，分辨及掌握商品质量合格的技能，开展试卷问答、现场示范活动等，确保顾客第一时间能了解农产品合格证，同时将食用农产品合格证相关标语通过电子屏、客服广播进行不定时循环播放，引导顾客增强安全消费意识，购买有合格证的产品或主动索取合格证（图 8-4-4）。

图 8-4-4　为消费者展示合格证信息

（三）试行食用农产品合格证制度的成效

超市每天对采购的农产品进行合格证查验，开展农产品检测结果和合格证公示，销售有合格证的农产品取得了一定的成效。

1. 超市营业收入增加

农产品销售额较 2019 年同期比较有明显的增加，库车市的广大消费者在超市购买食用农产品的人员也进一步增多，并在购买农产品的同时还带动了消费其他生活日用品，提高了整体营业收入。

2. 带动贫困户增收

与本地可以提供合格证的蔬菜、牛羊合作社签订了购销合同，长期收购合作社生产的农产品，尤其是对合作社中贫困户种植、养殖的农产品优先采购，从而使库车市部分贫困户增加了生产经营收入，有力助推了脱贫攻坚工作。

3. 提升质量塑形象

通过食用农产品合格证在超市实施，进一步提高了公司农产品质量安全意识，农产品在顾客群中获得较好口碑，公司在消费者心中的品牌形象也得到了显著提升，有效保障库车市人民群众"舌尖上的安全"。

第九章

农业农村部门推行合格证制度实践案例

农业农村部门是合格证制度的推动者和监管者，合格证制度全国试行开始后，各地农业农村部门均根据实际工作情况，进一步细化指定了本地的合格证制度实施方案。在试行过程中，各地农业农村部门大力推进、积极行动、敢于创新，形成了一系列典型的推进模式和做法。本章在全国范围内收集、筛选了30个地方农业农村部门推进实施合格证制度的典型案例经验，供读者参考借鉴。

一、分类施策 试行食用农产品合格证制度
——北京市房山区

北京市房山区作为国家首批农产品质量安全县，高度重视食用农产品合格证制度试行工作，印发《房山区2020年试行食用农产品合格证制度实施方案》，成立领导小组，以全主体、全品类、全链条实施为指导思想，推进试行工作。

（一）主要做法

1.完善主体名录，试行三种合格证开具模式

摸清生产主体底数，核准、补充和更新相关信息，建立了完整的食用农产品生产主体名录。根据不同主体的特点，试行三种合格证开具模式：一是在全区150家规模化生产主体，试行"标签式"合格证；二是在良乡镇、石楼镇、窦店镇3个质量安全监管示范乡镇，选择150家小农户试点，试行"标签式"和"二联单式"合格证；三是从规模化主体中遴选出20家产量大、

有品牌、有追溯、有认证的主体，试行无纸化"电子"合格证，探索与品牌、追溯、认证、信用等对接模式。

2.依托一个平台，实现合格证与质量追溯对接

设计开发了合格证电子服务平台和移动端小程序，生产者可根据实际交易场景需要，自由选择标签式合格证或无纸化电子码方式，开具合格证。收购产品的采购商可以通过扫描合格证上的二维码，获取生产过程中与质量安全相关的信息，并能自动建立全程追溯链条，统计分析生产者经营者出证索证的相关数据。

3.实施分类指导，推荐六种合格证开具方式

根据三类生产主体特点，设计六种合格证开具方式，进行分类指导。一是生产企业，推荐采用电子合格证服务平台，使用便携式标签打印机，选择打印两种规格合格证。二是农民专业合作社，要求合作社成员向合作社出售产品时，使用小程序出具无纸化电子合格证，合作社使用小程序扫码即可获取成员产品信息，二次出证时合格证上即可显示生产者和出具者双重信息，解决了质量安全责任界定的疑虑。三是小农户，为试点村统一配备便携式标签打印机和标签，农户可通过平台自行填写合格证到村委会打印，也可以到村委会领取免费的空白合格证手工填写。

4.加强宣传培训，推动合格证规范开具

组织技术人员和生产主体参加部、市相关培训，并组织多次区级培训，实现试行主体培训全覆盖。另外，印发了《房山区试行食用农产品合格证制度工作手册》和《房山区试行食用农产品合格证制度》宣传挂图，在生产基地、农村主要路口等显著位置进行张贴，宣传合格证制度。

5.加强资金支持，促进生产者开具积极性

积极争取政资金支持，推进合格证试行工作，培养生产主体主动开具合格证的意识。预算资金90万元，主要用于建立完善生产主体名录数据库、开展合格证制度宣传指导、探索建立三种合格证推进模式和实施网格化精准监管，以及合格证印制发放、宣传、培训等方面。

（二）取得成效

截至目前，房山区合格证制度实现150家规模化生产主体全覆盖，另外

有 150 户小农户参与试行。共印制发放合格证 22.9 万张，开出合格证 2 万多张。试行合格证制度，提高了主体质量安全意识，合格证的自我承诺加强了生产主体对产品质量全面负责的意识，促进其进一步重视对生产过程的管理。另外，部分主体将合格证制度与产品品牌宣传相结合，充分利用合格证宣传产品质量安全承诺，提高消费者购买信心，促进了产品优质优价。

（三）主要经验

1. 重视试行工作，争取配套支持

房山区高度重视食用农产品合格证试行工作，纳入全区农产品质量安全重点工作，成立领导小组，积极争取财政资金支持，并将合格证试行工作与其他重点工作有机结合全面推进。

2. 根据主体特点，实施分类推进

企业、合作社和小农户三类主体的生产方式、销售渠道等存在较大差异，其中合作社、小农户是试行难点。为此，北京市房山区在推进试行工作中，以全主体、全品类、全链条实施为指导思想，遵循一个平台、三种模式、六种方式的"136"原则分类施策，初见成效。

3. 立足主体利益，减少开具成本

房山区在设计实施方案时，明确了服务定位，通过平台开发、设备配套、印发空白合格证等方式，帮助生产者节省出具成本，以激发生产者出具合格证的动力。

二、以国家农安区创建为抓手　助推试行食用农产品合格证制度

——天津市宝坻区

（一）全区整体试行情况

宝坻区作为国家级农产品质量安全县，辖区内 23 个涉农街镇已经全部实施合格证制度。覆盖食用农产品生产主体 4 530 个，其中 525 家生产企业、合作社以及家庭农场等规模主体、4 005 个小农户。区农业农村委依托 105 家放心菜、放心猪肉和放心水产品基地结合追溯体系建设推动试行标签式电子合格证；借助农产品质量安全县创建工作，实行网格化监管，加强检测体系建设，

强化对试行主体的监督检测，为推动食用农产品合格证制度落实提供保障。

（二）推动试行食用农产品合格证制度主要做法和措施

1. 加强组织领导，制定专项方案

按照全市统一部署，区农业农村委制定了《宝坻区全面试行食用农产品合格证制度工作方案》，进一步细化分解任务，印发至各街镇及各相关部门，把试行合格证工作纳入考核指标和评价体系。各个涉农街镇制定街镇工作方案，并成立专项工作领导小组，积极组织推动该项工作。截至目前，宝坻区涉农 23 个街镇已经全部实施合格证制度。

2. 加大资金投入，做好试行准备

区农业农村委积极筹集资金印制天津市试行食用农产品合格证制度告知书 800 张，合格证制度明白纸 3 万张，全市统一格式的合格证 5 000 本。将告知书张贴在各街镇政府所在地、村委会公示栏、农贸市场所在地，明白纸和合格证直接发放到试行主体。

3. 抓好培训宣传，推动生产主体落实

区农业农村委组织 23 个涉农街镇农产品质量安全负责人进行培训，各街镇组织农产品生产经营主体教育培训，开展合格证相关培训 35 场次、1 216 人次，使生产主体熟练掌握开具方式，规范操作，对食用农产品合格证制度有了更深更全面的认识。并通过摆放展板、悬挂条幅、村庄公示栏张贴宣传图、村级广播、发放告知书等多种形式大力宣传，使辖区内农产品生产经营者和农产品购买者能够及时、清晰的了解天津市试行食用农产品合格证制度，为顺利推进合格证制度打下了基础。

4. 分类推动，全面试行

按照网格化监管模式，就近、便于推动原则形成区、街镇、村纵向管理，种植、畜牧水产等行业横向指导的交叉共管体系。

区级行业主管部门直接对各放心基地、规模化生产企业、农民专业合作社和家庭农场进行督导推动。

种植业小散户以村为单位，村级协管人员负责合格证推动、巡查、督导工作。

养殖水产品小散户以村级协管人员为主，街镇兽医站人员为辅，共同推动合格证制度、巡查、督导工作。

畜禽及畜禽产品小散户以街镇兽医站人员为主，村级协管人员为辅，结合产地检疫等工作开展，共同推动合格证制度、巡查、督导工作。

5. 建立主体名录数据库，开展网格化巡查

组织各街镇全面梳理辖区内食用农产品生产主体名录，建立全区数据库，实时更新，动态管理，以"国家农产品质量安全区"的标准，将小农户纳入监管范围，全区试行食用农产品生产主体个数达到 4 530 个。

区农业农村委成立食用农产品合格证督导小组，各街镇成立由农办、基层兽医站、村级协管员等人员组成的监督巡查体系，将合格证工作纳入农产品质量安全日常巡查内容，监督指导生产主体合规出证，保证合格证的真实性、有效性。截至 10 月底，对附带合格证农产品开展监督抽查 428 个样本、开展快速检测 840 批次。

（三）试行食用农产品合格证制度的成效

截至 10 月底，宝坻区 23 个涉农街镇已实施合格证制度主体有农产品生产企业 40 家、合作社 155 家、家庭农场和种养大户 330 家、小农户 3 532 家，开具纸质合格证 22 447 张，出具标签式合格证 195 120 张，附带合格证上市农产品 51 984.392 吨。

三、强基础　抓关键　增动力　扩效益　深入推进食用农产品合格证制度

——河北省涿州市

涿州市以健全农产品质量安全监管体系为基础，突出在线监控系统，完善上市食用农产品"食用农产品合格证+电子追溯二维码"模式，形成食用农产品"源头可溯、去向可追、风险可控"农产品质量安全新格局。

（一）完善体系强基础

涿州市成立以市长为组长，相关市直部门为成员的农产品质量安全工作领导小组，各乡、镇分别成立了乡镇级农产品质量安全工作领导小组，分别

负责辖区内农产品质量安全工作。为强化合格证实施力度，市农业农村局联合市场监督管理局成立食用农产品全程追溯机制领导小组，严格产地准出、市场准入，形成了部门协作、上下联动、互联互通的整体格局，保障食用农产品通过合格证实现"从农田到餐桌"全过程质量安全可追溯。

（二）强化监管抓关键

一是明确目标分步推进。市财政投资 500 万元，自 2018—2020 年分三年建设追溯企业 100 家，全市规模种养主体基本实现全覆盖。每个追溯单位均建立实验室，并安排专人负责检测工作，无偿给各企业实验室配备了监控、电脑、操作台、冰箱、移动终端、速测仪、合格证打印机等设备。二是完善在线实时监控。该市打造实时视频监控网络，配备监控大屏幕，在全市 100 家追溯企业棚室、圈舍、实验室、库房等关键位置安装监控摄像头，实现在线巡视。尤其是在新冠肺炎疫情期间，如何解决既避免人员接触又要对企业进行监管的问题，在线监控系统发挥了巨大作用，对生产企业违法、违规生产起到了震慑作用。三是推进"合格证 +"模式。全市确立了 10 个食用农产品合格证示范标杆企业，涵盖各类经营主体和主要"菜篮子"产品。主推"合格证 +"模式，合格证打印机既可下载 App 独立使用，又可连接省平台，生产主体及时录入农事记录及相关图片、视频信息，消费者通过扫描合格证上的二维码可直观地看到农产品生产到入市过程中的所有环节，解决产销衔接信息不对称问题，让消费者吃得放心。如三义农业公司采用"合格证 + 电子追溯二维码"模式成功中标校园营养早餐项目，鸡蛋销售价格比市场价格高60%；汇农生鸡专业合作社在自创品牌基础上使用"合格证 +"成功地进入了北京高端市场，以平均 13 元 / 千克的价格供应北京超市。四是强化检测保质量。重点对带证上市产品开展抽检，当年已定量检测农产品 2 525 批次、瘦肉精抽检 71 185 头份，抽检规模主体数量 110 家、小农户 550 个，检测参数达到 65 个，确保了上市产品质量。定期开展现场速检便民活动和监督抽检，严厉打击不合格农产品上市。举办全市农产品质量安全检测技能大赛，共有40 名监管人员和企业人员参加，提升了检测能力，强化了队伍建设。五是开展整治保安全。全面开展畜禽定点屠宰、生猪违规调运、"瘦肉精"整治等利剑行动，主动与北京及周边区县对接，联防联控，共同打击生产销售假劣农资、私屠滥宰、添加使用瘦肉精等违禁投入品的违法行为，共查处案件2起，其中1起被告人因犯生产、销售有毒有害食品罪，被判处有期徒刑8个月，并处罚金人民币10 000元。

（三）加强考核增动力

出台了《涿州市农产品质量考核评价实施方案》，就农产品质量安全工作体系、日常监管、专项整治、产品追溯、应急处置、宣教培训、安全水平、示范村建设以及否决项等方面对乡镇进行考核，并将考核结果纳入乡镇年度考核评价指标体系，强化乡镇抓好农产品质量安全工作的意识和措施。

（四）强化宣传扩效益

合格证制度实施以来，全市开展相关培训15次，培训人员492人次，发放告知书、明白纸8 982份，张贴宣传彩图491份，营造了合格证推进的良好会氛围，目前全市已开具合格证54 134批。利用涿州融媒体，对带证上市产品先后开展8期直播带货活动，通过互联网手段促进农产品销售，提高经营主体收入。以《河北涿州在线视频监控　远程看管农产品质量安全》为题，农民日报、河北电视台、保定日报、涿州发布等媒体先后进行了18篇报道，收到了良好的宣传效果。

四、"五个一"举措成为试行食用农产品合格证制度的助推剂
——山西省晋中市

2020年是全国试行食用农产品合格证制度开局之年，为更好贯彻落实农业农村部工作部署，晋中市从一开始就确定了"五个一"举措，着力推动食用农产品合格证，形成种养企业自律与严格监督相结合的试行工作业态。

一是把一次动员部署作为试行工作的关键点。2019年12月27日，晋中市组织各县（区、市）和市本级参加农业农村部召开的全国试行食用农产品合格证制度工作部署视频会议。为贯彻落实会议精神，按照省厅方案要求印发了《晋中市试行食用农产品合格证制度实施方案》，广泛开展动员部署。

二是把一批宣传资料作为试行突破的着力点。为加大试行食用农产品合

格证的宣传力度，方便种养生产者开具食用农产品合格证，各县（区、市）印制了《试行食用农产品合格证告知书》《试行食用农产品合格证制度》海报等宣传资料，通过张贴海报、发放宣传资料、送《食用农产品合格证样本》到生产主体等多种形式开展宣传工作。全市共悬挂条幅 90 余条、印刷宣传资料 6 000 余份。

三是把一次现场培训作为制度落实的助力点。全国抗击新冠肺炎疫情期间，按照有关规定，不允许开展集中培训，为推动试行食用农产品合格证工作，晋中市转变培训方式，采取线上培训和深入种养基地、合作社、企业开展现场培训相结合的方式。各县（区、市）农业农村局积极深入生产主体开展一次现场培训指导服务，累计培训 2 000 余人次。

四是把一月一报机制作为掌握进度的重心点。目前，已形成一月一报工作常态机制。每月 25 日定期上报各县（区、市）食用农产品合格证试行统计数据。目前，已在全市 200 余家试行主体，开具食用农产品合格证近 4 万张。

五是把一次巡查督导作为制度落实的保障点。各县（区、市）农业农村局农产品质量安全监管人员在原先重点督查生产记录的基础上，拓展到食用农产品合格证开具等内容，至少要对生产主体开展一次监督指导。在具体推进中重点督导辖区内的"三品一标"企业和追溯点先试行食用农产品合格证制度，通过示范带动做好标杆带动全面铺开。

五、创新农畜产品质量安全监管模式　积极推动试行食用农产品合格证制度

——内蒙古赤峰市

2020 年，赤峰市立足实际，努力构建以合格证管理为核心的农畜产品质量安全监管模式，积极推行食用农产品合格证制度，不断强化生产经营者主体责任落实，为农畜产品质量安全、农牧业高质量发展提供强有力支撑。

（一）争取政府支持，产地与市场共同推行

农业农村部《试行食用农产品合格证制度实施方案》印发后，市农牧局第一时间向市委市政府进行了汇报，分管副市长在全市农村牧区和农牧工作

会议上提出"2020 年全面试行食用农产品合格证制度";分管市场监管工作副市长协调市场监管局与农牧局联合印发《赤峰市试行食用农产品合格证制度实施方案》,在全市范围内推行食用农产品合格证制度。

（二）试行与检测结合，为合格证开具提供保障

为了让农畜产品生产者安心开具合格证，市农牧局分南北两片为生产经营者送去合格证样本，现场指导开具；并专门下发文件，要求各旗县、各乡镇加大对上市农畜产品质量安全检测力度，特别是对于开具主体提出的检测需求，一律优先、免费提供检测服务。截至目前，全市共完成产地农畜产品质量安全定量检测 3 849 批次，定性检测 69 740 批次，检测合格率 99%；附带合格证外销农畜产品全部检测并 100% 合格。

（三）营造推行氛围，引导消费者倒逼开具

新冠肺炎疫情期间，农牧部门从线上广泛下发合格证制度电子样板、相关知识；新冠肺炎疫情进入低风险期后，与市电视台合作，制作公益广告和专题宣传片，利用电视、微信公众号等手段广泛开展宣传；各旗县也纷纷在生产基地、农贸市场、农村牧区主要路口等显著位置悬挂宣传条幅、张贴告知书等强化宣传。截至 10 月末，共发放宣传资料 21 425 份、指导培训 127 场次、2 454 人次。其中喀喇沁旗组建微信服务群，线上对合格证打印、追溯码附加等相关问题随时解答；巴林右旗悬挂了 22 条横幅，张贴 300 余张彩色告知书；克旗印发合格证 200 册、合计 1 万多份，并在旗电视台进行专题报道。

（四）以点带面，择优选择部分旗县先行先试

为确保试行工作取得真正实效，选择红山区、喀喇沁旗、松山区、宁城县等蔬菜主产区作为先行试点，配备合格证打码机、速测仪等，同时结合市人大农畜产品质量安全法贯彻落实情况，审议意见，中期督导调研、农畜产品质量安全执法监管"利剑"行动，消费者权益保护等联合行动深入到种养基地、农贸市场进行督导，要求发往湖北的蔬菜、禽蛋等产地农畜产品全部随车附带合格证。2 月 21 日，红山区开出首张合格证；3 月 8 日，喀喇沁旗设计并印刷了合格证样本。

（五）抓住关键节点，全面推开试行工作

市农牧局抓住北京新发地农产品批发市场新冠肺炎疫情传播事件，对推进合格证制度再部署，要求向北京调配的蔬菜全部附带合格证。截至 7 月 21 日，向北京调动"菜篮子"产品 1 460.1 吨，其中向丰台区捐赠豆角、番茄 9 吨、牛羊肉 5.5 吨，附带合格证 289 张。目前，12 个旗县区均制定了试行方案，更新完善了监管名录，并全部开出合格证。

（六）强化巡查考核，压实监管责任

年初，就把合格证的开具纳入日常巡查、年度考核范围，各级农牧部门成立专题巡查组，单独或联合检查生产经营主体是否开具合格证、是否做好合格证留存等。截至目前，全市共出动专项检查 810 人次、检查生产经营主体 1 506 家次，251 家生产经营主体累计开证 7 015 张，附证上市农畜产品 21 050.05 吨。

六、生产端发力　销售端审验　推动食用农产品合格证工作取得实效

——辽宁省沈阳市

沈阳市自 2016 年起，不断探索农产品质量安全追溯工作新方式，创造性地研发形成了二维码质量追溯标签、纸质版食用农产品合格证、微信版小程序等多种形式的农产品质量安全追溯手段，农产品质量安全由默认合格向自我承诺合格转变、由政府背书向生产主体自我保证转变，提升了农产品质量安全追溯监管工作效能，解决了农产品质量安全"我是谁""从哪里来""到哪里去"的关键难题。

（一）强化工作推动，落实质量追溯任务

沈阳市高度重视农产品质量安全追溯工作，以推进食用农产品合格证试行工作为切入点，先行确定试行主体 100 家（含蔬果、畜禽、水产品），实施纸质合格证和电子合格证并行方式，安排 70 万元用于食用农产品合格证和质

量追溯后赋码标签采购等相关工作经费。在全市食品安全宣传周和农产品质量安全宣传大型活动中做了专题宣传。全市共开展培训 29 场次，发放各类宣传资料 1.6 万份。目前，试行工作取得良好效果。试行主体已达 111 家，已规范开具有效合格证 11.5 万张（枚），附带合格证上市的农产品达到 6 735 吨。沈阳市对农产品合格证的使用情况开展了 2 次集中督导检查，指导合格证开具过程规范、内容真实。

（二）多种方式并行，确保追溯效果

为方便不同生产经营主体规范开具使用合格证，掌握合格证推进的基本要义，让农产品生产者做到主动使用、会用、真用，沈阳市共推广应用了四种合格证制式。一是微信小程序 App；二是制式纸质版合格证；三是电子追溯标签；四是质量认证证书复印件。以上四种合格证均等同于规范合格证认定的范畴，由各生产经营主体在实际推广应用中，灵活使用执行。其中，质量追溯电子标签是全省首创的质量追溯应用手段。其借助第三方信息服务平台赋予的账号，通过批量印刷附带编码的空白质量追溯标签，由农产品生产企业自行登录第三方信息平台，输入农产品信息（生产者、地址、品种、数量等内容），即可一次性将农产品质量追溯信息后赋到空白二维码中，通过智能手机、扫描枪等智能设备，查询到相关农产品相关信息内容，解决了手工填写费时问题，受到使用者的广泛欢迎。到目前为止，沈阳市共订购了质量电子追溯标签 1 000 万枚，发放到农产品生产企业、农民专业合作社、家庭农场等生产主体免费使用。

（三）对接国家平台开展质量追溯

根据农业农村部及国家绿色食品发展中心的要求，凡是获得绿色食品认证及即将申报绿色食品质量认证的企业，均需在国家农产品质量安全追溯平台完成注册登录。沈阳市绿色食品获证企业及新申请绿色食品认证的企业均需在国家农产品质量安全追溯平台进行注册并由平台赋予登录账号和密码，自行开展质量追溯工作。到目前为止，全市 216 家绿色食品生产企业完成账号注册，注册率 100%，落实了绿色食品执行溯源管理的工作要求。

（四）制定机制，产销两端发力

为确保合格证试行取得成效，依据《食用农产品合格证管理办法》《食用农产品市场销售质量监督管理办法》的规定，沈阳市农业农村局与沈阳市市场监管局联合制定了《沈阳市试行食用农产品合格证暨产地准出与市场准入工作衔接机制》规范性文件，建立了农产品合格证由生产环节规范开具到市场环节终端审验倒逼工作机制。其中国家及省农产品质量安全县应用率占规模化农产品生产企业数量的 80%，其他地区应用率达到 60%。在市区 8 家农产品批发市场率先推行食用农产品合格证试点，规定了市场开办方履行审验合格凭证的义务。

七、全力推进农产品合格证制度落地　切实保障人民群众"舌尖上的安全"

——吉林省大安市

为打好国家农产品质量安全县这个靓丽的名片，大安市把推进食用农产品合格证制度作为抓好农产品质量安全的源头工作来做，具体做法如下。

（一）强化组织领导，保障工作稳步推进

加强组织领导。成立了以市政府主要领导为组长，有关部门主要负责同志为成员的推进工作领导小组，多次召开会议研究部署工作推进情况，解决工作中遇到的难题。制定了《大安市试行食用农产品合格证制度实施方案》，并适时更新调整，确保规定的试行主体全面覆盖。

明确工作重点。明确工作责任，建立工作台账，组织人员摸清 18 个乡镇所有种养殖大户情况，建立了包括种养殖生产主体名录、联系方式、地址、类型、生产品种等电子信息的名录库，为合格证的推进奠定良好基础。

（二）广泛宣传发动，营造良好舆论氛围

1. 加大宣传力度

广泛制作宣传条幅、标语、传单在市场、乡镇村屯主要街道场所进行张

贴发送，共制作宣传条幅 223 幅，宣传挂图 223 张，传单 70 000 份。并充分利用广播、电视、新闻媒体进行不定时宣传推行农产品合格证的重要性和必要性，提高广大群众的认知度和参与热情。同时印发合格证 8 万份，宣传册 5 000 份，告知书 1 000 份，质量安全承诺书 1 500 份，免费发放给生产主体。

2. 全面开展培训

建立合格证培训群，制定精准培训计划，采取线上全面学习、线下巩固提高的线上线下相结合的培训模式，先后组织规模化生产企业、农民专业合作社、家庭农场、监管人员、执法人员、技术推广人员 600 多人次进行学习，并将相关的培训教材、文件和视频制作成合格证制度网络课程和学习手册，使受训人员充分了解实施食用农产品合格证制度相关知识，提高合格证使用和监管技能，为食用农产品合格证制度工作全面实施做好充足准备。

（三）开展监管巡查，促进工作顺利开展

1. 加大巡查力度

组织人员对合格证工作情况开展巡查，重点检查种养殖生产者是否按要求开具合格证，并抽查合格证的真实性，严防虚假开具合格证，并加大检测频次。

2. 强化有效指导

组织人员对全市 18 个乡镇的小农户及散户进行了深入的研究、分析和走访宣传，并一对一进行指导，告知合格证的必要性及重要性，并与各乡镇监管站制定合格证发放方案。小农户及散户每家现场发放 1 本（100 张）合格证，待合格证用毕后，手持开具后的存根到所属乡镇监管站即可换新的合格证。通过不断的宣传，使种植户对合格证制度工作的重要性有了更深入的认识。

（四）上下联动，让合格证落地见效

1. 加强部门协调

为加快推进合格证制度工作的开展，市农业农村局与市场监督管理局多次沟通，并协调农贸市场管理单位，对消费者购买农产品溯源意识差的问题进行了认真分析，采取试点先行的办法，率先在鼎鑫大市场对经营者免费发放 500 个食用农产品合格证展示牌，并且将展示牌放在摊位前，让合格证展示在消费者面前。此项工作的开展有力地促进了消费者索要购物凭证的意识。

2. 确保工作成效

为保证工作更好地推进，市农业农村局与市场监督管理部门联合印发《大安市试行食用农产品合格证制度实施方案（修订）》，进一步完善了市场准入机制，初步实现了产地准出和市场准入的有效衔接。全市18个乡镇已全面落实合格证制度，实施合格证的生产经营主体达到597家（小农户420家），已开具合格证7 212张，附带合格证上市的农畜产品达4 208吨。

推进食用农产品合格证制度将是一项长期的工作，大安市将继续研究探索新方法，确保农产品质量安全落地生根，确保人民群众"舌尖上的安全"。

八、优选经营企业　落实主体责任　探索农产品质量安全监管新模式

——黑龙江省甘南县

按照试行食用农产品合格证制度有关要求，甘南县立足本地农业产业特色及农产品生产经营企业实际情况，加大宣传、强化监管，落实责任、联结市场，多措并举，全方位探索农产品质量安全监管新模式，取得显著成效。

（一）强化领导，制定方案，精心部署试行合格证工作

为全面提升农产品质量安全水平，推进农业产业高质量发展，甘南县政府高度重视食用农产品合格证制度试行工作，县农业农村局成立了由局长任组长，执法大队、农产品质量检测站等相关站所队负责人及各乡镇主管领导为成员的甘南县食用农产品合格证制度试行工作领导小组，积极推动合格证试行工作。县农业农村局从各乡镇、行政村特色产业发展情况及优势农产品生产经营企业实际状况出发，研究制定了《甘南县试行食用农产品合格证制度实施方案》，对试行工作的思路、目标、任务以及实施步骤进行了精心谋划和安排部署，保障食用农产品合格证制度试行工作有序推进。

（二）广泛宣传，强化监管，全面提升公众认知水平

为全面提升广大人民群众尤其是农产品生产经营业户对食用农产品合格

证制度试行工作的重要性和必要性的认识，县农业农村局从加大宣传力度和强化监管检查两个方面入手，有序推进食用农产品合格证制度试行工作。一是广泛宣传。制作宣传展板 5 块、宣传条幅 50 个、宣传资料 500 份，出动宣传人员 30 人次，集中开展了 2 个轮次的到乡进村宣传。累计发放宣传单 500 份，现场展示宣传展板 5 块，主要行业悬挂条幅 50 条，接受群众咨询 100 余人次。二是加强监管。将合格证试行工作纳入执法大队日常巡查的重要工作内容，严肃查处虚假开具合格证，承诺与抽检结果不符的生产经营业户，对违反合格证制度的业户坚决纳入农产品质量安全信用管理。开展集中整治活动，先后对县域内农资经营店、市场销售的种子、农药、肥料、生物肥料、激素等农业投入品进行专项检查，通过检查尚未发现涉及合格证制度的违法违规案件。

（三）优选企业，落实责任，实现试行范围全覆盖

根据县域优势农产品生产经营特点，先后选择了种植业 3 个品种、6 家经营主体、80 亩耕地及 24 家养殖经营主体开展标准化示范基地建设。截至目前，全县共落实农产品生产经营企业 6 家、合作社 1 家、家庭农场和种养植大户 21 家、个体农户 2 家，出具食用农产品合格证 265 份。领证的农产品经营主体累计上市农产品约 78.39 吨，初步实现了产地准出与市场准入的有效衔接。同时，在前期选择试行的农产品质量安全生产主体的基础上，进一步摸清并完善了辖区内种养殖生产企业名录，形成了合格证制度试行主体库，确保了试行规定范围和主体的全覆盖。

（四）典型示范，产销对接，有效发挥合格证作用

甘南县试行食用农产品合格证的农产品经营主体，君子园果蔬种植专业合作社作为典型案例而备受关注。该合作社 2020 年采用全新栽培技术，种植引进新品种毛酸浆（俗称菇娘）30 亩，产品上市后滞销，原因是消费者对新品种菇娘不了解、不认同，加之新冠肺炎疫情期间人员流动少，宣传不到位，造成产品滞销。县执法大队了解这一情况后，立即协调市检测中心对该产品进行抽样检测，经检测合格后，现场指导开具食用农产品合格证，并帮助合作社打通电商销售平台，3 万多千克菇娘很快销售一空，赢得了广大消费者的一致好评。君子园合作社典型事例，引发了广大生产经营户的普遍关注和认

可，对按要求使用药物及添加剂、遵守农产品药物残留等食品安全国家标准的自觉性显著提高，有效推进了食用农产品合格证制度试行工作的开展。

九、"送货单 + 合格证"开创合格证新模式
——上海市崇明区

食用农产品合格证是上市农产品的"身份证"，也是农产品生产者向消费者提供的一份质量"承诺书"。它是由生产者在自控自检的基础上自主开具合格证，向社会和市民承诺其生产的农产品符合国家强制性标准。

崇明区在推广试行农产品合格证制度过程中，"送货单 + 合格证"模式是开具合格证书的主要模式之一。到目前为止，全区共有 199 家农业生产经营主体开具"送货单 + 合格证"模式的合格证书 40 199 份，销售的数量在 13 076 吨，试行主体覆盖率达到 88%，涉及蔬菜、水果、粮食等多种农产品。为了全面推广"送货单 + 合格证"的合格证书开具模式，主要做了以下几方面工作。

（一）开展调查摸底，确定合格证书开具模式

为顺利做好试行农产品合格证制度，对本区农业生产和销售状况开展调查，发现生产经营主体在销售农产品过程中除在田头交易或直接销售给个人消费者外，他们向批发商、零售商和集团采购商提供农产品时必须提供一份与销售品种和数量相关的销售凭证即送货单，送货单上的开具的产品名称、生产单位、产地、开具时间、联系方式等农产品销售信息要素与试行的农产品合格证相关要素基本相同。于是把送货单和合格证合二为一，印制成合格证书进行推广应用，让农产品生产者以此作为提供给客户或消费者的质量保证或质量凭证。

（二）开展应用培训，让生产者接受这种合格证书的模式

区农业农村委和各乡镇有关部门，对乡镇监管员、协管员和部分生产经营主体负责开展试行合格证制度的培训班，培训上除培训相关内容外，还重点介绍"送货单 + 合格证"模式的意义和作用，以及开具方式，以便让大家

能正确掌握合格证的开具要点。同时还印制了"送货单+合格证"模式的合格证书1 000本50 000份发放给重点合作社，让他们试用。由于这种合格证书模式开具使用比较简单，实用性比较强，不再需要再建立额外的合格证发放台账，很容易被生产者所接受，已成为崇明区各农产品生产者开具合格证书的主要模式之一。

在推进过程中，积极开展相关培训，提高生产主体对合格证制度的认识，为打造崇明世界级生态岛的绿色优质农产品添砖加瓦。

十、"五个一"推进食用农产品合格证制度落地

——江苏省常州市

为全面推行食用农产品合格证制度，常州市积极在"四全"监管模式的基础上，进一步探索推进农产品质量安全治理体系建设，探索"五个一"推广模式，加快推进产地准出与市场准入无缝衔接，着力推进食用农产品质量安全建设水平迈上新台阶。

一是规范食用农产品身份认证"一张票"。在全市食用农产品生产和经营单位推行合格证制度，完善合格证的农产品产供销信息载体功能，指导监督食用农产品生产经营主体按照省统一的合格证基本要求开具，做到名称、数量、主体信息、日期等要素齐全、形式规范。目前，全市共有9 942个主体纳入省追溯系统，开具合格证标签372余万张。

二是推进合格证办理使用"一网通"。搭建食用农产品合格证开具平台，并全面接入农业农村和市场监管部门的管理平台。开发运行了合格证管理系统和App，生产经营主体在客户端上将农产品相关基础信息录入系统，就能产生电子合格证。以凌家塘批发市场为中心，探索实施基于食用农产品合格证电子信息化、二维码为载体的"一票通"追溯模式，构建食用农产品"从田间到餐桌"全链条全过程可追溯平台。以批发配送、中央厨房、"一老一小"核心环节为建设重点，试点探索"批发市场—配送企业—餐饮单位"全链条的"一票通"应用和追溯信息公共服务查询。

三是助力中小散户合格证开具"一站办"。在对全市规模以上生产经营单位要求配备合格证开具一体机的基础上，积极打造村级服务站，在全市范围

内遴选 94 家销售、储运规模主体作为合格证开具服务点，配置合格证开具一体机，方便中小散户开具电子化合格证。通过以点带面方式推动合格证开具覆盖范围，有效解决种养散户合格证难开具、难追溯、难监管等问题。武进区探索建立合格证开具的村级服务站点样板，常洛果品合作社被农业农村部评为食用农产品合格证开具使用标杆企业项目单位。

四是下好合格证制度落实"一盘棋"。全力营造全社会共同落实合格证制度的共治氛围。农业农村部门督促生产主体主动严控生产过程，全面开具食用农产品合格证，市场监管部门督促市场开办者查验并留存进入市场销售者的食用农产品合格证或合格证明文件，形成部门良性互动、协调协作机制。督促生产者在销售农产品时主动出具合格证，承诺所出售的食用农产品符合食品安全国家标准；督促经营者在收购时查验合格证，并在销售时保留和开具对应的合格证或合格证明文件；督促采购食用农产品的食品加工企业、餐饮企业等查验供货者的合格证或合格证明文件，形成三方主体相互制约、共同监督机制。

五是划定合格证推行奖惩"一道杠"。将合格证制度与农业项目补贴、示范创建、品牌认证等挂钩，加强激励约束，对率先推行合格证的种植养殖生产者提供政策倾斜和项目支持，对未实行合格证的主体，不推荐参加各类展示展销会、不准予参评各类品牌和奖项、不给予项目支持。强化监督检查，将开具并出具食用农产品合格证或证明文件纳入日常巡查检查内容，严查虚假开具合格证、承诺与抽检结果不符等行为，加强问题主体重点监管，推动纳入信用管理。

十一、因势利导　按需定制　提升实效
——浙江省建德市

按照上级部门的统一部署和要求，因势利导、按需定制，建德市全面全域推进食用农产品合格证应用，进展顺利、成效显现。

（一）创建管用模式

按照"要我这么做"向"我要这么做"再向"必须这么做"的思路，创

建"3832"模式：三百经营主体，包括一百家带包装进市场的生产主体、一百家特色精品农产品的生产主体、一百家线下集市线上平台销售农产品的农户。八类定制样式，采用一果一证、一蛋一证、一扎一证、一袋一证、一箱一证、一户一证、一社一证、一标一证供不同生产主体及食用农产品选用。三个追溯等级，分一二三类3个追溯等级，一类追溯到产品全过程、二类追溯到最新检测信息、三类追溯到主体信息。两张合格证件，采取纸质合格证和电子合格证并行，既面向消费者、又面向市场，有序推行、不断扩面。为全面全域推进食用农产品合格证打开低（零）成本、易接受、可持续的通道。

（二）搭建应用模块

搭建主体版"数字农安"App平台的"申请合格证"模块，设计出通用版或特色版的两种合格证，经营主体可以按需选择。一是动态生成通用版合格证。适用一类追溯，主要采取手持式便携打印机通过蓝牙连接直接打印。二是直接下载特色版合格证。该合格证特点是二维码不变，但合格证整体形状可变，适用二三类追溯，主要用于直接印制在新包装上或批量印制后贴包装上以及草莓等特色农户印制。三是快速转发电子版合格证。通过平台"合格证开具"模块，填写数量和去向信息，系统自动生成开具时间，电子合格证显示基本要素，附带主体合格证二维码、认定认证信息以及有效期等内容，可下载后快速转发收购或销售商。

（三）注重鼓励引导

一是政策引导。实行补助激励，对各类农业生产主体在农产品上市时能够正确开具和规范使用合格证的，给予一次性1 000元的奖励补助；实行应用挂钩机制，把食用农产品合格证作为农产品生产主体项目申报、扶持补助、宣传推介、评优评奖、认证认定、参加展会等工作的前置条件。二是打通渠道。开发主体版"数字农安"App平台，主体申请纳入监管平台主体库即可取得登录账号和密码，按照合格证开具操作手册或者视频即可掌握方法。升级监管版"数字农安"App平台，动态掌握主体合格证开具情况并随机开展现场巡查，确保正确规范开具合格证。三是宣传培训。选择本地主体直供农贸批发市场或者专卖店的摊位，宣传展示食用农产品合格证，现已组织612家主体（大户）分7期进行食用农产品合格证相关培训，当场掌握合格证开具操作。四是示范带动。每个定制样式分别选2家以上主体作为示范点，以点带面推进各样式在适合产业的应用。选择草莓、鸡蛋等本地主要农产品，整产业推进合格证应用。

（四）提升推广实效

一是主体广覆盖。通过"纸质＋电子"合格证并行的方式，目前能够开具合格证主体612家（户），规模农产品生产者覆盖率明显提高；建德草莓、建德鸡蛋等区域公共品牌农产品新包装均印有合格证。二是使用易接受。合格证通过印制在包装盒、塑料袋、胶带等主体本身就需要使用的物品上，几乎不增加主体任何成本，主体积极性较高。合格证通过App平台产生，傻瓜式的便捷操作，主体使用率提高。三是内容可展示。消费者扫码即可听到一段语音播报，界面上可以看到产品溯源、企业宣传、产品购买、定位导航等信息，合格证展示的内容丰富且实用，目前主体观念开始转变，将合格证视为企业的一张"金名片"来推动。四是亮证促增收。建德市三都羊峨蔬菜专业合作社使用合格证后，茄子、四季豆收购价由没有使用合格证时的每斤1.5元、2.1元增加到每斤1.9元、2.8元，亩均增加收益20%以上。杭州九仙生物有限公司使用合格证后，通过扫码产品日销售量增加20%以上。

十二、让合格证成为农产品消费的"放心证"

——安徽省马鞍山市

马鞍山市位于安徽省东部，横跨长江两岸，与江苏省南京市毗邻。全市下辖3县3区36个乡镇（涉农街道），总面积4 049平方千米，耕地面积174 667公顷。根据部省有关部署和要求，马鞍山市坚持早部署、早安排、早落实，有序推进食用农产品合格证制度试行工作。

（一）立即行动开出安徽省首张食用农产品合格证

2020年2月11日下午，在完成快速检测、数据上传后，安徽盛农农业集团有限公司供往盛农直营店的矮脚黄、青椒、菜薹、鸡蛋、老母鸡等 10 余种农产品，除了贴上原有的追溯码，还多了另外一张"身份证"——马鞍山市食用农产品合格证。合格证上除了农产品名称、重量、产地、联系方式、日期外，还有这样几行前面打着"√"的醒目黑字："不使用禁限用农药兽药""不使用非法添加物""遵守农药安全间隔期、兽药休药期规定""销售的食用农产品符合农药兽药残留食品安全国家标准"。这不仅是食用农产品流通入市的"身份证"，也是生产者的"承诺书"。马鞍山市农业农村局质环办主任郦雪凤如是说。

（二）精心组织全面提升合格证使用覆盖面

1. 强化组织领导

马鞍山市立即制定印发《马鞍山市试行食用农产品合格证制度实施方案》，成立以分管副局长为组长的推进工作领导小组，明确马鞍山市试行食用农产品合格证制度的总体思路、基本原则、试行范围、开具要求、实施步骤和保障措施。在推进过程中加强工作调度和监督检查，发现问题及时研究解决。

2. 建立试行名录

对各县区种植养殖生产主体进行全面摸底调查，更新监管对象数据库，以蔬菜、水果、畜禽、禽蛋、养殖水产品五类农产品为主，聚焦重点主体和重点问题，2020 年在全市 200 家规模以上生产经营主体试行合格证制度。

3. 快速规范出证

为使企业快速规范出证，市县农业农村局统一印制了 1.5 万份合格证，及时分发给各县区各企业，指导企业规范使用，特别是在新冠肺炎疫情防控期间附证销售的农产品广受欢迎，发挥了稳定人心的作用。盛农集团总经理夏金林说，"通过使用食用农产品合格证，极大地增强了消费信心，使来我们'盛农直营店'的消费者更多了。"

4. 创新应用方式

各企业多方式应用合格证，较好地解决了疫情防控期间农产品销售难问题。如含山县国华农业发展有限公司采用"基地＋合格证＋市民"的直销模式，让居民足不出户就享受到了优质的新鲜蔬果；马鞍山市鑫欣禽业有限公司采取"家禽（禽蛋）+合格证+社区（超市）"的配送模式，开展地产农产品直供社区（超市）；马鞍山市七只蟹水产养殖有限公司采用"螃蟹（农产品）+合格证+互联网"的电商模式，在所有货品外包装上加贴合格证追溯码。马鞍山市和县蔬菜产业协会捐赠武汉市的蔬菜，每批次每个品种蔬菜包装箱上都贴上了合格证。

5. 强化宣传培训

试行合格证制度伊始，马鞍山市首先统一印制了食用农产品合格证宣传挂图，分发给相关企业，张贴到公共场所，让广大生产者、消费者知晓了解实施该制度的重要性。同时，通过市各行业产业群、"三品一标"企业群、工作群、点对点电话指导等方式宣传合格证制度，指导企业规范开具合格证。其次，利用报纸、电视、网络、公众号等平台，大力宣传合格证制度实施的典型案例，提升企业用证的积极性，扩大消费者知晓率。第三，组织召开全市基层管理机构和企业内检员参加的培训班暨部署会，提升其组织力、执行力。

6. 政策挂钩支持

将实行合格证追溯作为申报市级及以上财政支持项目、"三品一标"认证和评先评优的前置条件，加大推进力度。同时，市农业农村局会同市场监督管理局建立产地准出与市场准入协作机制，延伸合格证使用范围到批发、零售环节，延长追溯链。

（三）成效初显，提档升级再出发

1. 实现了年初目标

试行合格证制度伊始，总体思路是先规模企业、后分散小户，先纸质合格证、后电子合格证。马鞍山市2021年的目标是200家规模企业先行先试，截至目前，马鞍山市注册安徽省农产品质量安全追溯平台企业数301家，其中，2020年新增162家，开出电子合格证3.812万张，应用纸质合格证的小规模种养户也不在少数。

2. 强化了主体责任

要确保农产品质量安全，根本措施还是要让生产者主动担起责任，通过附证上市销售，倒逼生产者严格执行农产品质量安全相关法律法规和技术规范，增强了对自己产品负责的意识，以此强化了主体责任，推动其树立质量安全意识，发挥自律作用，更加有效地保障质量安全。

3. 宣传了企业产品

通过使用合格证，一方面有利于提高企业商品标识的规范化水平，让消费者更放心、更明白的食用企业的农产品；另一方面，也宣传了企业的产品，提高了社会认知度的，同时还为企业节约了一大笔宣传费。合格证让企业的产品有了自己的独特名片。

4. 促进了质量追溯

合格证是农产品质量安全追溯的初级形式，大力推进食用农产品合格证制度的实施，从纸质合格证到电子合格证再到"追溯码＋合格证"二合证，从生产环节到批发销售环节合格证的延续，大大地促进了食用农产品质量安全追溯制度的实施，为保障农产品安全、严肃查处违法犯罪行为奠定了基础。

下一步，马鞍山市将进一步扩大食用农产品合格证试行范围，创新合格证应用方式，让合格证成为农产品消费的"放心证"。

十三、疏堵结合　多措并举推进食用农产品合格证与一品一码追溯并行制度

——福建省龙岩市

民以食为天，食以安为先。近年来，福建省龙岩市按照整体推进、因地制宜，突出重点、逐步完善，部门协作、形成合力的基本原则，推进福建省食用农产品合格证制度与一品一码追溯制度有机衔接，加快实行食用农产品合格证/追溯凭证两证合一通查通识，确保上市农产品赋码出证、凭证销售，实现了全过程可追溯。

（一）政策先行，疏通生产主体"堵点"

龙岩市农业生产主体素来以家庭农场为主，负责人年龄普遍偏大，文化程度偏低，畏惧生产成本提高等因素对食用农产品合格证与一品一码追溯并行制度的推行增加壁垒。为打通"堵点"，消除生产主体"痛点"，龙岩市精准对靶发力。一是营造氛围。结合食品安全宣传周、闽西日报"爱心助

农""三农学堂"讲坛、放心农资下乡进村宣传等多主题宣传活动，通过印制发放《致广大农产品生产主体的告知书》《食用农产品合格证与一品一码追溯并行制度常识》及《农产品质量安全知识手册》等材料，提高生产主体责任意识。二是奖励补助。按照"企业主体建设、政府扶持"的原则制定扶持激励机制，鼓励各县（市、区）创建食用农产品与一品一码追溯并行制度示范企业，对验收合格企业以奖代补 1 万元，对较好落实的生产主体每家给予补助资金 1 000 元，用于购买追溯标签，配备相关设备等。三是政策倾斜。对主动入驻食用农产品合格证与一品一码追溯并行系统的生产主体在农产品展销会、家庭农场示范场、先进典型农业人等评选上给予优先考虑。截至 11 月，龙岩市入驻并行系统生产主体达到 4 640 家，位列全省首位，实现农产品赋码出证 94 363 批次。

（二）建章立制，堵住安全隐患"盲点"

一是建立联审把关机制。在落实农产品质量安全追溯"四挂钩"和福建省"五查"工作机制基础上，龙岩市率先从政策挂钩、联动监管、考核评议等方面着手，出台五条具体措施（即建立把关联审机制，加强网上系统监管，加强日常联动巡查，严格现场执法检查，压实监管责任），细化职责到具体职能科站，由相关科站对不落实并行制度的生产主体实行奖评一票否决，相关工作纳入年度考核。二是抓大推小机制。立足龙岩市畜牧大市实际，以上市生猪开具《动物检疫合格证明》为突破点，率先在全市推行《动物检疫合格证明》与《食用农产品合格证/追溯凭证》并行。同时，对小规模种养散户推行手写合格证，由市局统一设计，各县印制一批具有复写功能的散户合格证，一式两联，统一编号，赋予散户合格证的唯一性，方便携带和保存。截至 11 月，龙岩市畜禽赋码出证率从年初 21% 提高到 76.56%，其中上杭县畜禽赋码出证实现全覆盖。三是完善证后监管机制。为防止《食用农产品合格证/追溯凭证》赋码出证后"一出了之"，省、市两级将开具合格证/追溯凭证的生产主体纳入福建省"双随机、一公开"系统，开展例行监测及督查，对落实不力的生产主体依据《福建省食品安全追溯管理办法》进行处罚。2020年以来，全市开展双随机监测样品 2 859 批次，追溯平台线上巡查 2.3 万次，巡查生产主体 18.5 万家次；出动执法人员 7 980 人次，检查生产主体 7 637 家次，开具整改通知书 330 份，立案处罚 4 起，有效震慑了一批未按要求实行赋码出证的生产主体。

（三）通力协作，打造全程追溯"试点"

一是人大牵头专题推进。2020 年 7 月，市人大常委会开展食品安全"一法一例"执法检查，对食用农产品合格证与一品一码追溯并行制度开展调研并提出了整改意见。9 月，市人大常委会召开全市专题会，研究市食品安全一品一码全过程追溯体系，进一步推进了食用农产品合格证与一品一码追溯并行制度工作。二是食安办定期会商。由市食安办牵头，定期组织相关成员单位对市食品安全追溯工作进度调度，研判工作重点、难点，并将相关工作纳入食品安全考核。三是部门形成合力。积极会同市场监管与商务等部门，按照赋码出证、市场准入、凭证销售的原则，探索产地准出与市场准入紧密衔接新思路，在全市食品生产经营环节开展"一证通"试点工作，实现生产与经营环节互认合格证 / 追溯凭证。对上游供货者出具的合格证 / 追溯凭证与货物相符的免去提供许可证、合格证明和购货凭证等资料，也可不用另外建立进货查验记录台账，大大减轻生产经营者负担，也极大地推动了合格证与一品一码追溯并行制度的实施，实现源头赋码出证，一证到底。

十四、狠抓制度试行　探索产品自检　注重承诺落实
——江西省南昌市

作为江西省省会，全国启动食用农产品合格证制度试行以来，南昌市主动彰显省会担当，积极探索合格证先试先行，通过强化安排部署、联合部门推进、实行分类管理、纳入信用评价等方式，大力推动合格证制度落实落地，目前登记在册近 70% 的食用农产品生产主体已开具合格证，累计出具合格证约 2.6 万张，带"证"上市农产品 2 000 余吨，进一步筑牢了"舌尖上的安全防线"，让老百姓吃得更安全、更放心。

（一）强化安排部署，突出自检提升

按照江西省率先提出的"检测＋合格证"试行方案精神，南昌市以农产

品自我检测、合格证规范开具等质量管控工作为核心，市政府制定《南昌市农产品质量安全示范品牌建设奖补实施方案》，安排 400 万元财政资金，推动基层检测体系建设和农产品质量安全示范企业、示范区创建，打造一批自检能力强、合格证含金量高的农安示范单位，以点带面，加速推动自检合格证试行推广。在全市合格证制度试行视频会议上，市农业农村局主要领导进行动员部署，明确以自检能力提升为重点，狠抓四项保障措施实施，推动合格承诺落实落地。所有的"菜篮子"主产县均安排了专项资金，推动产品自检、合格证开具和信息追溯工作开展。

（二）紧密部门协作，加强监管互动

按照"农业农村部门管开具，市场监管部门管查验"的食用农产品合格证分段监管要求，两部门沟通协作紧密，联合印发《关于开展食用农产品合格证制度试行推进产地准出和市场准入有效衔接的通知》，多次组织召开食用农产品质量安全联席会议，共同商讨合格证等农产品安全监管工作。同时，以全省最大的农产品交易批发市场——南昌深圳农产品中心批发市场作为合格证试行重点单位，将合格证索票查验作为农产品入市检验必要条件之一，并纳入该市场"洪追溯"平台监管。在县区两部门互动频繁，75% 的行政县区联合印发了合格证实施方案，共同推动食用农产品合格证试行。

（三）建立主体名录，实行分类管理

根据各地农业生产特点，以生产主体产品检测能力为重点，通过座谈交流、实地走访等形式开展在产食用农产品生产主体调查摸底，并保持主体信息名录动态更新。同时，按照种养规模、责任意识和安全举措情况，将在产主体划分为关键核心主体、主产规模主体和在册有产主体三大类，细化为国家、省级、市级以上的示范园企业、示范合作社、示范家庭农场、小农户等多个小类，并通过开展全市农产品质量安全数据平台建设，探索以合格证及产品检测信息电子化管理为核心的农产品质量安全大数据智慧监管模式，提升合格承诺公信力，增强农安监管靶向性，保障合格证健康发展。

（四）坚持多措并举，加速试行推广

在市级方案中，统一食用农产品合格证制度试行告知书版本及试行宣传口号标语，通过在政府网站公开 120 余条信息，在乡镇主干道悬挂 600 余条横幅，在重点生产主体和交易市场张贴 4 万余份告知书及微信、电视、网络等新闻媒体的百余篇报道，做到宣传进村入户、进场入超，家喻户晓，提高了全民参与热情。同时，为规范生产主体合格证开具，监管部门结合农产品抽样监测等工作，深入实地开展合格证巡查督导，结合落实情况针对性举办合格证技术培训，组织开展合格证开具现场观摩，推荐参加优秀农产品展示展销，其中在全国扶贫日南昌市扶贫产品展示展销会上，12 家大型企业带"证"农产品的集中直销上市，受到众多消费者的青睐和热捧。

（五）注重承诺真实，纳入信用监管

在农产品质量安全追溯管理四挂钩和行政处罚"一票否决"的基础上，积极拓展合格证制度与农业项目补贴、示范创建、品牌认证等衔接机制，让主动、真实做出合格承诺成为农产品生产主体"农安信用"的重要组成部分。对未按要求落实合格证等农安信用规定的 8 家生产主体，在农业产业化龙头企业申报、"扶贫助农"农产品直播展销参展等资格上予以否决，对 7 家存在信用问题的单位下达了农产品质量安全警示函，通过信用倒逼，推动农产品生产主体自觉落实农产品质量安全主体责任，让更多的农产品带"证"上市，让人民群众过上更加美好的生活。

十五、多彩合格证　引领新发展
——山东省济宁市

济宁市按照农业农村部关于食用农产品合格证制度试行的系列要求，把合格证制度和"济宁礼飨"区域公用品牌建设有机融合，实行"三大支撑""四类合格证""五个全覆盖"，用证与索证同步并举，"自律"与督管结合，赋予合格证"新内涵"。

（一）经验做法

1. 谋划"三大支撑"全市大格局

一是制度支撑，以市政府名义印发了高质量推进食用农产品合格证实施方案，成立了以分管市长为组长的领导小组；二是财政支撑，市县财政列支经费 1 080 万元，带动社会资本投资 400 万元，专项用于推动食用农产品合格证制度发展；三是平台支撑，建设了济宁市食用农产品合格证管理平台，形成了农业农村部门监管、企业运营、政府购买服务、政企高效对接的全市大格局。

2. 建立合格证"四色分类"

以"济宁礼飨"品牌建设标准为指导，设置 A、B、C、D "四类四色"电子合格证：A 类为济宁礼飨目录企业、定点基地；B 类为食用农产品生产、加工企业；C 类为农民专业合作社、家庭农场；D 类为小农户。以区分不同品质和生产经营主体，推动好产品卖好价。电子合格证"二维码"突出生产主体的视频承诺或签名承诺，附加了济宁礼飨质量安全追溯、检验检测、电商引流系统和本地农文旅资源宣传，拓展了合格证的功能。消费者可以通过扫码直观了解济宁农产品，在线复购；生产者可以识别消费者的用户画像，促进生产与销售市场分析能力的提升。

3. 推动实施主体"五个全覆盖"

在三大试行主体和五大试行品类基础上，提出了"济宁礼飨"品牌生产基地全覆盖；县域特色农产品全覆盖；风险隐患高的农产品全覆盖；省、市级知名农产品品牌目录企业产品全覆盖；涉及的农民专业合作社、家庭农场全覆盖。市平台已采集 83 511 家各类生产主体信息，印制电子合格证 2 100 万张，使用 1 300 万张，规模生产主体用证率达到了 100%，小农户覆盖率按试行品类计算占比达到 30%。

4. 健全协作保障机制

（1）加强部门协作。建立了部门联席会议制度，市农业农村局统筹市平台建设和监管，市市场监管局等部门做好相关平台的优化和对接。印发了《关于全面推行食用农产品合格证制度的通告》，将市场准入与产地准出环节有效衔接，实现了出证与索证相结合、自检与抽检相结合、平台信息与服务发展相结合，形成了生产、经营、消费互动的良好氛围。

（2）完善服务体系。建立市统筹、县培训、乡监管、村落实的四级服务体系，工作重点下沉基层。鱼台县王庙镇充分发挥村"两委"作用，日采集小农户信息 3 000 余条，直接上传至市平台生成电子合格证。

（3）建立激励机制。市平台注重推广实效，对发证情况一天一统计，实行情况通报、绩效考评制度。严格执行"五个一律"，鼓励赋码上市的优质农产品直供"济宁礼飨"优品名店溢价销售，制定了对开具合格证的主体和销售渠道的财政奖补激励政策。

（二）工作成效

据统计，品牌农产品赋码上市后，复购率提升约 2%，微山湖大闸蟹溢价率达到 30% 左右，鱼台小龙虾溢价率达到 40% 左右，嘉祥县华生祥的阳光玫瑰葡萄从每千克 20 元涨到每千克 46 元左右，任城区聚汇鲜鸡蛋从每千克 8 元涨到每千克 11 元左右，赋码上市的品牌农产品溢价率平均达到 10% 左右，促进了农业高质量发展。

十六、河南省汝州市试行食用农产品合格证制度典型经验

2020 年以来，汝州市按照国家农业农村部和省农业农村厅关于试行食用农产品合格证制度工作要求，围绕压实农产品生产经营主体责任，完善农产品质量安全监管体系，全面推行食用农产品合格证制度。截至目前，全市 596 家生产经营主体已落实合格证开具措施，累计开具合格证 26 115 张，涉及农产品重量 119 485.935 吨，初步构建了食用农产品"产地准出""市场准入"管理新模式。在全面推行食用农产品合格证工作中的主要做法如下。

（一）强化组织领导，压实部门责任

成立以市政府主管副市长为组长的汝州市试行农产品合格证工作领导小组，研究制定《汝州市人民政府办公室关于印发汝州市试行食用农产品合格证制度工作方案的通知》（汝政办〔2020〕12 号文），明确了农业农村、畜牧、市场监管等部门的行业监管责任，以及乡镇街道属地监督和推进主体责

任。同时，围绕建立食用农产品产地准出、市场准入制度，农业农村局、畜牧局、市场监管局及市场发展服务中心联合印发了《关于进一步加强我市食用农产品产地准出和市场准入管理工作的通知》（汝农〔2020〕62号），细化了行业部门对生产经营主体开具的合格证督促和查验职责。在此基础上，市政府将推行食用农产品合格证工作纳入目标考核范围，定期由督查局对农产品合格证工作推进情况进行督查考核，确保各部门将责任落到实处。

（二）坚持试点先行，发挥示范效应

一是摸清生产主体底数。下发了《关于进一步摸清全市农产品生产主体底数的通知》（汝农〔2020〕31号），组织乡镇街道重点围绕蔬菜、水果、活畜禽、禽蛋、养殖水产品五大类食用农产品生产经营主体，进行全面排查，累计排查生产经营主体609家，逐一建立主体名录数据库，为推行农产品合格证制度奠定基础。二是选择重点企业试行。首先在市级以上产业化龙头企业、农民专业合作社和"三品一标"认证主体推行，将省、市级农产品质量安全追溯点涵盖的生产经营主体作为开具机打版合格证试点，通过发挥示范带动效应，逐步扩大至全市规模化种养殖生产主体，使自觉开具合作证明成为生产经营单位的共识，积极主动落实食用农产品合格证制度。

（三）创新推广模式，完善监管体系

一是创新合格证开具方式。将食用农产品合格证设定为机打和手写两种，首批印制机打版食用农产品合格证15万张，手写版25万张，方便生产经营主体选择。二是丰富合格证主体内涵。将有机食品、绿色食品标志和无公害农产品标志列入食用农产品合格证内容，由生产经营主体增设追溯二维码，食品经营和消费者可通过扫码方式，查询该批农产品的生产信息、检测信息等，初步形成了"合格证＋追溯码""合格证＋产地编码"等联合推广模式。三是加强合格证使用监管。由农业农村部门定期对开具食用农产品合格证生产者的种养用药规范进行检查，对上市农产品进行检测；由市场监管部门对市场、超市等索取农产品合格证情况进行督查。同时，成立联合执法队伍，推动全市规模化农产品生产经营单位实行食用农产品带证入市。

（四）加强宣传培训，营造舆论氛围

一是在电视台、《今日汝州》开辟专栏，张贴试行食用农产品合格证制度告知书 1 000 余份、发放宣传彩页 10 000 余份，并利用微信、微博、抖音等新兴媒体，广泛宣传推行农产品合格证制度的意义，营造良好的社会氛围。二是举办食用农产品合格证培训班，分批次对乡镇街道监管站站长、省（市）级追溯点企业负责人和农产品生产主体负责人进行培训，累计培训 800 余人次，确保推行食用农产品合格证工作顺利开展。

总之，汝州市在推进食用农产品合格制度工作中取得了阶段性成效，但还存在着部分农产品生产经营者主体责任意识不强，消费者对合格证推广使用价值还未充分认可等问题。下一步，将进一步加大工作力度，完善激励措施，探索完善食用农产品合格证推进和监管模式，为保证人民群众"舌尖上的安全"，为推动汝州农业高质量发展做出新的更大贡献。

十七、全面推行食用农产品合格证制度　确保农产品质量安全可追溯

——湖北省江陵县

2020 年以来，江陵县重点围绕"一创两推"（创建国家级农产品质量安全县、全面推行食用农产品合格证制度、全面推广应用国家追溯平台），率先成立领导小组，印发实施方案，召开培训视频会，推广手写版、电子机打版合格证，积极探索"追溯码＋合格证"模式。截至目前，国家农产品质量安全追溯管理信息平台共注册生产经济主体 116 家，其中种植业 36 家，畜牧业 28 家，渔业 41 家，农产品加工等其他企业 11 家。根据农质通后台统计，全县共用农质通 App 开具合格证 24 298 张，机打合格证 36 694 张，涉及农产品种类 198 种，涉及种植业产品 5.26 万吨、牲畜禽数量 84.5 万头（只）、肉食数量 2 529 吨、水产品重量 1 496 吨。辐射农业生产经营主体 177 家，其中种植业 73 家、畜牧业 50 家、水产业 54 家，追溯批次 429 批次，追溯品种 68 个，追溯农事活动 152 次。主要做法如下。

（一）强化政策引导，明确工作目标

2020 年 3 月，先后出台三个文件，即《江陵县创建国家农产品质量安全县工作实施方案》《江陵县试行食用农产品合格证制度实施方案》《江陵县关于加快推进国家农产品质量安全追溯管理信息平台应用的通知》，将合格证和追溯工作明确纳入 2020 年工作要点，力争全年监管主体入驻平台 100 个以上，并在全县范围内推广应用食用农产品合格证。严格实行追溯挂钩机制，把农产品质量安全监管追溯平台和合格证的应用与农业项目安排、农业品牌推介、"两品一标"认证、例行监测以及农业展会展销与评奖挂起钩来，建立有效的追溯挂钩机制，确保全县农产品全品类和全流程实施农产品安全追溯管理。江陵县实施农产品质量安全监管、执法、检测整体联动，确保全县年底前食用农产品生产经营主体国家平台注册率达到 80% 以上，确保 60% 以上包装食用农产品、整车调运农产品附带合格证上市销售，将江陵县打造成荆州市农产品质量安全监管的先进典型。

（二）注重宣传培训，完善监管名录

组织农产品质量安全监管一线工作人员、执法人员、生产经营主体近 100 人在线收听收看 11 期农业农村部网上培训视频，其中 4 期为合格证制度培训。同时采用视频会议等方式召开电子合格证操作培训及工作布置会议，动员江陵县食用农产品保供给企业和基地，在整车外调、捐赠或集中配送时，主动承担主体责任，主动开具食用农产品合格证。新冠肺炎疫情解除后，以城区为重点，通过告知书、明白纸、宣传展板、新闻媒体等宣传途径，将合格证制度告知给辖区内所有生产经营主体，确保合格证填写规范、信息完整、真实有效，营造全社会共同落实合格证制度的良好氛围。为方便对合格证开具主体的监管服务，在国家农产品质量安全追溯管理信息平台上逐步建立健全电子监管名录，采用一月一排名、一月一通报等方式，督促各乡镇加快生产经营主体入驻进度，实行一个平台一站式管理。

（三）抢抓疫情契机，发放纸质版本

充分发挥农业农村部门保供给和集中配送食用农产品的优势，对保供主体提出明确要求，要求整车外送和部分大型小区配送时开具《食用农产品合格证》。1月31日将统一设计定稿的《食用农产品合格证》电子文档发放到农安工作群和部分重点保供企业，要求他们对保供的食用农产品坚持开展自检工作，开具纸质版合格证，随车附带上市或捐赠，确保入市农产品质量安全。据统计，新冠肺炎疫情期间江陵县各类主体附带合格证捐赠农产品上百吨。3月21日新冠肺炎疫情解除后，迅速发放空白合格证1.1万个，即卡片式1 000个、复写式100本（5 000个）、手撕式100本（5 000个），将三个版本合格证集中发放到各乡镇农产品质量安全监管站，通过乡镇监管站分发到辖区内各类生产经营主体，以满足不同主体需要，助力合格证制度全面推行。

（四）提升开具效率，推广电子版本

重点探索推广"合格证＋追溯码"模式，在手写纸质版合格证基础上，全面推广应用电子机打版合格证，大幅提高了数据采集和报送效率。经过反复调研与思考，定向选择与成都曙光光纤网络有限责任公司合作，实现农质通 App 机打食用农产品合格证与国家追溯平台在主体注册上实现有效对接。成都公司定向开发了"农质通"App2.0 版，通过手机验证码或者第三方（微信、QQ、支付宝等）授权快捷登陆，定向配套专用便携式蓝牙打印机和专用打印纸，可通过蓝牙将设备与手机"农质通"无线连接，随身携带完成合格证打印。"农质通"由市农业农村局统一定制升级，县市区免费推广使用。4月初，江陵县通过市里集中采购便携式蓝牙打印机80台，配套打印纸1 000卷，分发到各乡镇农安监管站后配送到生产企业。7月设计出小标签打印纸，配套定制打印纸2 000卷，其中小标签打印纸（40毫米×28毫米×450毫米）1 500卷，大标签打印纸（75毫米×100毫米×100毫米）500卷，提高了开具效率，提升了合格证推行力度。

（五）强化部门协同，探索倒逼机制

为推动落实食用农产品产地准出与市场准入有效对接。县农业农村局与县市场监督管理局、县商务局联合成立推行食用农产品合格证制度工作领导小组，联合印发《江陵县全面推行食用农产品合格证制度实施方案》，形成齐抓共管的工作格局。明确农业农村部门督促生产主体主动开具食用农产品合格证，并定期会同市场监管部门和商务部门通告主体目录，共同进行宣传引导。市场监管部门主要强化本地产食用农产品进入批发、零售或生产加工企业后的监督管理，鼓励支持开具合格证的食用农产品进入市场销售。商务部门主要督促农贸市场、大型商超、电商平台等经营主体落实食品安全主体责任，对入市销售的食用农产品查验食用农产品合格证。县农业农村局还联合市场监管部门和商务部门对郝穴镇中心城区大型商超开展合格证索票查验情况督办检查，宣传合格证制度，落实主体责任，从而形成市场倒逼机制。

下一步，将认真贯彻落实上级指示精神，坚持推行合格证制度，强化宣传培训；推广追溯平台，健全监管名录；加强市场查验和巡查监管，确保农产品质量安全可追溯。

十八、"三个坚持"全面推进合格证制度试行

——湖南省祁阳县

祁阳是典型的农业大县，全县年均播种粮食作物 135 万亩，蔬菜 40 万亩，水果 25 万亩，茶叶 3.6 万亩，出栏生猪 120 万头，有市级以上农业产业化龙头企业 29 个，新型农业经营主体 3 065 个，是湘南重要的优质农副产品供应基地。近年来，在省、市领导的关心支持和精心指导下，祁阳县以全省食用农产品合格证管理试点县建设为契机，深入实施质量兴农战略，强化农产品质量安全监管，成功创建全国出口食品农产品质量安全示范区，有效促进了农业绿色可持续发展。主要做法如下。

（一）坚持从战略高度谋划部署

民以食为天，食以安为先。祁阳县始终将农产品质量安全作为一项政治任务、民心工程来抓，精心组织，夯实基础，为食用农产品合格证管理试点工作提供了有力保障。一方面强化组织领导。县委、县政府高度重视农产品质量安全，将其列入重要议事日程，高规格成立由县委书记任顾问、县长任组长、分管农业副县长任副组长的食用农产品合格证管理试点工作、农业标

准化建设和农产品质量安全示范工作领导小组。主要领导多次召开会议，专题安排部署，解决实际问题，分管领导强化统筹调度，各级各部门各司其职、各负其责，凝聚了工作合力，形成了县长全面抓、分管副县长主要抓、县农业农村局具体抓、相关部门协同抓的工作格局。另一方面加大资金投入。县财政安排专项资金 100 万元用于食用农产品合格证管理试点工作设备添置、技术指导和日常支出，每年列支工作经费 50 万元，确保农产品质量安全监管工作正常高效运转。整合涉农项目资金 500 余万元，进一步完善农产品质量安全监管体系和检验检测设备，对实施合格证管理、建设标准化基地、开展"两品一标"认证的生产经营主体进行奖补。

（二）坚持用科学方法聚力推进

突出重点难点，狠抓落实落地，有序推进食用农产品合格证管理试点工作。一是突出宣传造势。充分利用元旦、春节、"3·15"等重要时间节点，在农贸市场、超市、学校等公众场所开展形式多样的宣传教育活动，大力普及食用农产品合格证知识，增强公众质量安全意识，营造了全社会关心、重视农产品质量安全的良好氛围。全县累计发放宣传资料 10.5 万份，张贴公告5 000 余份，悬挂横幅 500 多条，每年举办农产品质量安全主题日活动，开展现场咨询、农残检测演示等多种形式的宣传，收到了良好的效果。二是突出技术培训。组织龙头企业、专业合作组织负责人和种植大户举办食用农产品合格证管理、农业标准化生产、农产品质量安全监管等各类培训班 25 期，参训 5 500 余人次，制作发放标准卡 8 万张，生产经营主体实行食用农产品合格证制度整体提升。三是全域推行食用农产品合格证制度。在全省率先开展食用农产品合格证管理试点，高标准建成由县级领导联系指导的合格证管理示范基地 7 个、示范市场 1 个，带动 262 个经营主体实行食用农产品合格证管理，覆盖了蔬菜、水果、畜禽养殖等主导产业，食用农产品合格证制度由政府推动转变成生产经营主体自觉实施行为，大部分主体反映实施食用农产品合格证制度提升了产品档次，增加了消费者对产品认可度，提高了产品的价格。截至目前，2020 年全县累计发放纸质和电子农产品合格证 3.5 万张，19家种养加工企业获得了进出口食品备案证书、11 个生产基地通过了粤港澳大湾区"菜篮子"工程认证。

（三）坚持在源头监管上精准发力

做到优质农产品产出来、管出来两手抓、两手硬，确保食用农产品合格证管理试点工作监管到位、推进有力。一方面完善监管体系。22个镇（街道）均设立了农产品质量安全监管站，建成了县有监管股、镇有监管站、村有监督员、组有协管员的四级监管体系，实行网格化监管，形成了"纵向到底、横向到边，全覆盖、无盲区"的农产品质量安全监管网络。另一方面强化监管巡查。全面落实农产品田间生产档案巡查制度和农业投入品巡查制度，定期开展巡查检查，督促经营主体按照标准化规程生产，建立田间生产档案和农业投入品管理档案，农产品基地准出实施合格证制度，做到制度健全、监管到位、产品安全。

尽管祁阳县在食用农产品合格证制度试行工作取得了一定成效，但离上级要求和群众期盼还有一定差距。下一步，将学习借鉴先进经验，加快推进食用农产品合格证制度试行工作，打造优质农副产品供应基地，推动农业高质量发展。

十九、实施食用农产品合格证制度　全面提升农产品质量安全监管水平

——广西壮族自治区南宁市

自实施食用农产品合格证制度以来，已在全市120多家果蔬生产企业以及海吉星果蔬批发市场等10多家大型农贸市场试行"合格证"管理制度，初步建立了食用农产品合格证管理的有效模式。

（一）明确政府、部门及生产者三方责任

1.强化政府责任，进行绩效考核

将推行食用农产品合格证制度纳入县、区党政领导干部食品安全责任清单，作为南宁市深化改革加强食品安全工作的重要抓手，在开展年度食品安全考核评议中，对县、区落实合格证制度的情况进行考核。

2. 加强部门协作，明确监管内容

2018 年，原南宁市食品药品监督管理局、南宁市农业委员会就联合制定印发了《南宁市食用农产品合格证制度（试行）》及工作方案，由食品监管部门负责市场准入环节，农业部门负责基地准出环节，同时明确合格证开具的主体、范围、方式等具体内容。

3. 落实主体责任，抓紧实施重点

南宁市将食用农产品合格证种类分为 A、B、C 三种，其中 A 证由食用农产品生产者开具，B 证由食用农产品集中交易市场举办方开具，C 证由食用农产品销售者开具。

（二）多管齐下，夯实制度实施基础

1. 加强源头监管和指导

以"三品一标"企业、农业产业化龙头企业和规模生产企业等为监管重点，敦促生产企业规范使用农业投入品，发挥生产企业主体作用。

2. 加大农业财政投入

2020 年市本级财政安排专项资金 1.4 亿元对参与实施合格证的农产品生产者给予重点扶持，计划建设标准化种养殖基地 52 个，建成 80 个企业（基地）农残检测室。

3. 推进标准化品牌化生产

目前，全市有效期内"三品一标"产品总数达 187 家，2019 年横县茉莉花和茉莉花茶品牌价值达 202.97 亿元，成为广西最具价值的农产品品牌。

4. 加快推进农产品质量安全诚信体系建设

推进农产品质量安全信用信息平台建立及应用，已建立全市主要农产品和农资生产经营主体的主体名录 2 401 家，100% 录入信用信息平台。

5. 加强食品交易市场监管

市场监管部门指导农产品批发市场全面落实、零售市场全面推行合格证，同时督促市场销售者建立检测室并配备检测设备和检测人员；设置入场查验岗，对没有食用农产品合格证明的一律不得进场销售。

（三）强化监督执法，倒逼生产经营者落实主体责任

南宁市农业农村、市场监管、公安局等部门加强协作，形成合力，充分利用合格证的追根溯源作用，加大农产品质量安全监管工作力度。一是开展农产品质量安全"利剑"行动专项整治。对重点区域、重点品种、重点单位和种养基地，加大巡查检查频率，全面排查风险隐患，防患于未然。坚持日常监管与专项整治相结合，严厉打击非法添加、使用禁限用农兽药和私屠滥宰等违法违规行为。二是开展农资打假"春雷"行动。围绕以假劣农资销售流动性大、门店经营散乱多、农资产品夸大宣传、网络销售等为检查重点，深入到各个农资市场、流动市场、种养殖基地全面深入开展执法检查，2020 年全市共出动执法人员 6 782 人次，检查农资生产经营企业 5 436 家次，全市立案查处违法违规案件 102 件。三是加强食品三大环节监管。市场监管部门进一步拧紧食品生产、销售、餐饮三大环节"监管链"，突出抓好重点区域、重点时段、重点产品专项整治，有力震慑食品安全违法犯罪势头。

（四）加大宣传，提高合格证认知度

一是以"安全宣传周""放心农资下乡""信用南宁"和"美好生活主题宣传周"等为契机，加大合格证宣传力度。二是检查与宣传并行，深入生产基地，开展上门培训，发放明白纸、培训资料。同时，利用微信、网络等媒体和在生产基地、主要路口等显著位置摆放展板、张贴宣传彩图、发放宣传资料等多种措施，提高知晓率。三是开展培训，广泛动员农业监管人员及生产经营主体参加农业农村部组织的线上食用农产品合格证培训。

二十、以"六抓六促"推动合格证制度落地生根

——海南省海口市

海口市作为国家现代农业示范区和创建国家食品安全示范城市，坚决按照农业农村部和省委省政府决策部署，采取有力措施，推动相关工作落地见效。截至 2020 年 9 月 30 日，全市共开具食用农产品合格证 24 684 张，做到了每一车食用农产品均持合格证出岛，批发环节食用农产品基本持合格证上

市。主要做法是"六抓六促"。

(一)抓组织领导,促工作落地

1月专题学习了《全国试行食用农产品合格证制度实施方案》和农业农村部视频会议精神,对试行工作进行了部署。4月初印发了《海口市试行食用农产品合格证制度实施方案》,成立了工作领导小组,制定了时间表、路线图,建立了月调度、季报告的工作机制。

(二)抓名录建设,促责任落实

构建了市、区、乡镇、村分级负责,农业农村和市场监管部门通力配合的工作机制,建立了试行食用农产品合格证制度主体名录,全市已建立主体名录905家,占食用农产品实质性生产经营主体的60%。

(三)抓关键环节,促政策见效

一是抓好食用农产品采摘前农残检测。在"证后"查验基础上增加"证前"检测服务,保留原有产地网格化监管措施,让生产经营主体更加放心出具合格证。二是抓好食用农产品运销环节质量安全监管。在全市23个镇级农产品质量安全监管站设立合格证开具便民服务点,为收购商或运销商开具电子《合格证》提供便民服务,根据收购、运销商出具的合格证内容,乡镇监管站对其产品进行监督快检、合格后出具《海南省农产品农药残留检测报告单》,在运销环节查验合格证承诺的真实性。三是抓好食用农产品上市销售环节监督检查。海口市市场监督管理部门指导加旺、椰海等蔬菜批发市场通过加旺、椰海叶菜联盟,要求其会员进场销售必须出具三联的食用农产品合格证〔一联由会员(菜农)留底、一联交蔬菜购销人、一联由批发市场留存备查〕,同时加大监督检查力度。四是在海口秀英港、新海港、南港三个码头农产品质量安全检测检查站对出岛农产品《合格证》和《检测报告单》开展查验检查,未持有一证一单的不能办理过海手续。

(四)抓管理创新,促质量提高

依托省水产品质量安全追溯平台,创新建立以快速检测为依据、以追溯码为载体、以检测防伪码为保证，以食用农产品合格证为桥梁的水产品"追溯＋快检＋合格证"质量安全管理模式。

（五）抓宣传培训，促能力提升

组织 613 名农产品监管检测人员和近 100 名执法人员开展全覆盖的专题培训，切实提高思想认识、政策水平和工作能力。同时采取各种方式加大宣传力度，做到生产者、收购商家喻户晓，提高执行制度的思想自觉和行动自觉。

（六）抓部门协作，促形成合力

市各级农业农村部门加大农产品质量安全抽检力度，截至 9 月 30 日，市、区、镇三级农产品质量安全监管、检测机构共抽样检测 22.78 万份农产品样品，合格率 99.9%，从源头上确保了"舌尖上安全"。

2020 年海口市 10 万亩海口火山荔枝喜获丰收，总产量较 2019 年增长 20% 以上，在加强海口火山荔枝品牌宣传的同时，将其作为海口市试行食用农产品合格证制度的拳头产品，给予区域公共品牌农产品赋能；海口火山荔枝平均收购价格为 14.2 元 / 千克，较往年高 0.6 元 / 千克，平均每户果农销售收入 8 万多元。充分展示了合格证制度在促进农业增效、农民增收中的作用。

二十一、实施"三三"举措　扎实推动食用农产品合格证制度行稳致远

——四川省都江堰市

2020 年以来，都江堰市积极探索、大胆创新，把合格证制度作为践行"四个最严"最有效手段，落实"三三"举措，实施合格证整体推进。目前，全市 33 家规模市场经营主体、240 家规模生产主体实施合格证管理，累计开具合格证 10 万余张，带证上市农产品 80 余万吨。主要做法如下。

（一）确保三个到位，强化条件保障

一是组织领导到位。成立工作协调小组，建立联席会议制度，将合格

证纳入食品安全党政同责、质量强市工作考核内容。印发实施方案，构建"1+N"模式（管理平台，责任机制、信用机制、准出准入衔接机制等 N 个机制），形成农业农村部门管开具、市场监管部门管查验、乡镇街道和有关单位联动协同的工作格局。

二是资金保障到位。落实财政资金 120 万元，建成合格证管理信息平台元，建立区域性常态化宣传制度；支持规模主体配备合格证智能打印设备 200 余套；印制合格证 5 余万份，免费供 200 余户个体农户开具使用。

三是政策引导到位。落实合格证与农业园区、农业品牌、龙头企业、示范合作社、家庭农场、标准化基地、评优评奖"七挂钩"政策，将"合格证 + 追溯"作为前置或优先条件，对合格证实施较好的生产主体予以资金倾斜，目前有 9 个专业合作社、7 个家庭农场获得项目资金 215 万元。

（二）注重三个突出，推动制度落地

一是突出多部门联动。依托农产品和食品安全网格化监管体系，农业农村局联合市场监管局等部门和镇（街道）开展检查行动 6 次，发现并整改问题 9 家，切实规范出具、查验合格证行为。

二是突出多渠道培训。分类分层次对食用农产品监管检测、生产及市场主体开展培训 1 000 余人次；设立宣传栏、公示牌，印发宣传资料 1 万余份，拍摄制作微视频 3 期。

三是突出多手段监管。认真落实农产品质量安全"重点监控名单"和"黑名单"制度。合格证试行以来，加大对带证农产品的抽检力度，定量抽检样品 800 余批次，快检 1 万余批次，抽检试行主体 90% 以上；运用信用评价微信小程序开展产地检查 1 000 余次，对抽检出的 4 个不合格样品的生产主体纳入信用档案记录并列入本级"重点监管名单"，实施联合惩戒。

（三）聚焦三个主体，提升运用实效

一是聚焦小散农户破难点，拓宽试行范围。探索"企业 + 合作社 + 农户"推广模式，提升小散农户试行比例。茅亭茶业公司和云腾茶叶合作社带动 50 余户茶农、祥侬生态农业公司和祥侬养殖合作社带动 30 户社员开具合格证。在全市设立 70 个公益性村级检测与合格证打印服务点，免费为散户打印合格证。

二是聚焦生产主体树亮点，培育示范企业。试行"合格证＋追溯码"，支持 12 家追溯示范企业，出具合格证与追溯码"电子证"；试行"合格证＋产品直销"，以祥侬农业公司为代表，回头客和销量同比增长 20％ 以上，附证鸡蛋每盒（15 枚装）售价提高 1.5 元；试行"合格证＋快检"，开具自检合格合格证，圣寿源农业公司番茄每斤可以多卖 0.1 元、进入商超的绿色食品白菜每斤可以多卖 0.4 元；试行"合格证＋产品 LOGO＋企业品牌"，支持 16 个出口备案基地开具彩版合格证。

三是聚焦市场销售疏堵点，拓展市场运用。在 30 个农贸市场和 3 个大型超市建立合格证宣传和市场查验公示制度，登记入场带证农产品，销售时挂牌公示，形成开具查验公示合格证闭环推进机制。在 10 家机关单位和学校食堂，统一样式设置合格证信息公示栏，促进带证农产品销量。

二十二、福建省福泉市试行食用农产品合格证制度典型经验

根据全国试行食用农产品合格证制度工作部署视频会议、省农业农村厅及黔南州农业农村局有关文件和要求，福泉市以落实食用农产品生产主体责任为抓手，着力构建食用农产品从"农田到餐桌"全程监管体系，切实提升农产品质量安全水平，多举措推进食用农产品合格证试行工作，现将工作开展情况报告如下。

（一）工作开展情况及主要做法

1. 加强组织领导，强化安排部署

一是成立了由市农业农村局局长为组长、分管副局长为副组长，相关科室负责人、各乡镇（街道）农业服务中心（产业发展服务中心）负责人为成员的工作领导小组和办公室，明确职责分工。二是市农业农村局制定并下发了《福泉市试行食用农产品合格证制度实施方案》，及时召开动员部署会，将试行食用农产品合格证工作与国家农产品质量安全县创建工作同部署、同推进、同调度。三是建立机制保障。将试行合格证工作纳入《福泉市农业产业结构调整奖补扶持方案》，将试行农产品合格证作为市级财政奖补的重要依

据；把主体开具合格证作为组织参与展示展销、参评各类品牌和奖项、项目安排前置条件，未实行合格证制度的主体和产品，严格落实"三个一律"，一律不准予参加各类展示展销会，一律不准予参评各类品牌和奖项，一律不给予项目支持，以此建立合格证长效机制。

2. 加强宣传培训，强化业务指导

一是加强对市、乡两级工作人员和生产主体培训，制作《福泉市试行食用农产品合格证告知书》《食用农产品合格证》《食用农产品合格证开具流程》等资料发放给种植养殖生产者，多渠道对试行食用农产品合格证制度工作进行宣传，不断提高广大群众对农产品合格证作为农产品"身份证""承诺书""新名片"的认识，推进管理者、生产者进一步落实农产品质量安全责任，开展培训3期，培训390余人次。二是建立生产主体名录，按照合格证全覆盖原则，将全市生猪、辣椒、福泉梨、大福姜、生态家禽等优势特色产业生产主体、"三园两场"生产主体全部纳入试行主体名录，现进入监管名录内的试行主体已达257家，市农业农村局工作人员详细讲解食用农产品合格证的基本样式、承诺内容、开具方式等，及时做好指导服务。截至目前，已指导257家企业开具合格证4 024张，带证上市农产品7 832.67吨（其中89吨白菜援鄂和反哺对口帮扶城市广州）。

3. 统一合格证样式，加强农产品质量追溯

一是市农业农村局按照《食用农产品合格证管理办法（试行）》规定的参考样式，统一制定含有创建国家农产品质量安全县字样的合格证，合格证包含有农产品名称、生产者联系方式、生产批次，上市数量等基本信息，既起到了农产品安全追溯的目的，又对创建国家农产品质量安全进行了有力宣传，共印制发放统一的合格证样式5 600张。二是积极探索"合格证+追溯码"模式，将全市进入名录内的试行主体257家全部入驻国家农产品质量安全追溯管理信息平台，将合格证打印与追溯平台数据库有效链接，"一码通用"，服务群众，共在追溯平台打印电子合格证（或追溯码）309批次，消费者可通过手机扫描合格证二维码，查询与产品相关的信息，逐步建立起以合格证为基础的农产品产地准出与市场准入监管模式，确保农产品质量可追溯。三是加大市场环节索证力度，对开具合格证的产品进行抽检，督促农产品进超市、机关食堂、学校、批发市场等市场主体树立索要和查验合格证意识，有效衔接产地准出和市场准入，切实推行食用农产品合格证制度试行工作。

4. 加强质量监督，严防不合格产品入市

一是大力开展农资整治专项行动，从源头管控农产品质量安全。以严打两瓶药（农药、兽药）为突破口，以草甘膦为切入点，组织开展草甘膦等除草剂专项整治、农资打假"春雷"行动等，抓好农产品质量安全工作，对制售假劣农资、生产销售使用禁用农兽药等违法违规行为深入开展执法检查。共出动执法人员 506 人次，检查农资经营店及企业 186 户次，对农业违法犯罪行为采取"零容忍"态度，2020 年共立查处案件 42 件，罚款 329 632 元，有效地震慑了犯罪分子。二是加强对辖区内农业生产主体的巡查检查，对全市 206 家种养殖生产主体农资库房、农业投入品进购台账、使用记录等进行检查，严防禁限用农药和高毒高残留农药（兽药）等流入生产领域。三是加强合格证监管力度，加大食用农产品质量安全监督检验，扩大检测种类及检测覆盖面，共开展农产品快速检测 32 119 批次，检测合格率 99.5%，定量检测 341 批次，检出百菌清、速克灵等农药 6 次，检出农药检测合格率 100%。对检出非法添加的企业建立失信黑名单，并在公共场所及政府网站予以公布，让不合格主体退出行业领域，确保农产品合格证的公信力，避免让合格证流于形式。

（二）下一步工作推进措施

1. 高度重视，对试行食用农产品合格证制度工作进行再安排、再部署

强化行业监管，把试行食用农产品合格证制度作为行业准入的重要条件，相关业务科室要加大培训和指导，督促种植养殖生产者全面落实主体责任，及时如实开具合格证，确保试行工作与全市、全省乃至全国同步。

2. 充实力量，加强合格证监管和抽查力度

强化农产品质量安全监管队伍建设，引进和培养农产品检测、监管、执法人才，建设一支技术精湛、刻苦勤奋、敢于担当的监管队伍，加强市、乡、村三级监管人员培训，动员全社会参与农产品质量安全工作，筑牢农产品质量安全防线，防范冒开、假开、乱开合格证。

3. 完善法律法规，加强农产品溯源体系建设

将试行食用农产品合格证制度纳入相应的法律法规，建立农产品产地准出和市场准入衔接机制，加强与市场监督管理部门沟通，加大对市场主体的

培训和监督管理，推进农产品合格证索证验证工作规范化和常态化，使农产品凭合格证入市；加快推进食用农产品合格证与国家农产品质量安全追溯平台等大数据融合，确保监管企业 100% 入驻信息平台，100% 对入驻企业完成现场巡查，100% 在平台开具合格证，让合格证真正成为上市农产品的"身份证""承诺书""新名片"，确保试行农产品合格证制度成为提升农产品质量安全水平的重要抓手和强大动力。

二十三、落实食用农产品合格证制度　构建监管新模式

——陕西省铜川市

食用农产品合格证制度作为一种新型农产品质量安全治理制度，对于强化生产者主体责任，提升农产品质量安全治理能力有着重要意义，合格证制度试行以来，铜川市提高站位，强化宣传、统一格式、融合追溯、稳步推进，目前已开具合格证 4.5 万余张，附带合格证上市的农产品 3 500 吨，有力地提升了全市农产品质量安全水平，捍卫了人民群众舌尖上的安全。主要做法如下。

（一）行政推动，政策引导

制定印发了《关于进一步落实食用农产品合格证制度的通知》《关于推进追溯二维码、食用农产品合格证融合工作的通知》等一系列文件，对合格证制度试行的范围、品类、要求进行了全面解读，为后续工作的开展奠定了基础。将合格证制度与农业农村重大创建认定、项目申报、农业品牌推选、农产品认证、农业展会参展等挂钩，充分调动生产主体的积极性、主动性。在铜川市举办的第三届扶贫产品交易会上，首次将食用农产品合格证、农产品质量安全追溯"二维码"等产品质量相关证明作为申报参展产品的必要条件，倒逼企业带证上市，扩大合格证的影响力。

（二）统一格式，逐级发放

参照部里样式，经过多次讨论修改，确定了包含生产主体认证情况，分区县编码的合格证样式，同时立足主体规模、自身条件等实际情况，针对不同主体需求，以不同形式出具合格证，有条件的依托质量追溯平台，打印二

维码，信息化管理困难的主体手动填写纸质合格证，部分装箱农产品使用手写不干胶合格证。所有合格证全部免费印制，实行属地管理，由生产主体向所在的乡镇（农产品质量安全监管站）申领，乡镇站做好备案登记工作。

（三）摸清底子，建立名录

组织开展食用农产品生产企业、农民专业合作社、家庭农场等生产主体情况调查，在前期已纳入追溯系统监管的食用农产品生产经营主体的基础上，将新增的、遗漏的主体全部纳入实施范围，建立主体名录库。按照"谁开具、谁负责"的原则，强化食用农产品生产经营者的主体责任，对其生产经营食用农产品的质量安全负责。

（四）强化培训，广泛宣传

采取集中培训与个别指导相结合的方式，组织全市农产品质量安全监管人员及农产品生产主体负责人等 100 余人参加食用农产品合格证制度线上师资培训，对重点企业进行点对点服务指导，确保相关业务人员和企业负责人至少接受 1 次专题培训或上门指导，做到对合格证制度各项要点应知尽知。深入基地、企业、合作社发放《一图看懂食用农产品合格证制度》、食用农产品合格证宣传手册等宣传材料。利用网络平台、微信群等多种渠道，全方位、多角度进行宣传，营造全社会共同落实合格证制度的共治氛围。

（五）"码证合一"，融合追溯

探索推广农产品质量安全追溯二维码和食用农产品合格证相融合的"码证合一"模式，按照以点带面，突出重点品种的思路，在全市范围内筛选出 22 家有规模、有代表性的农产品生产企业（合作社），通过配备设备、统一培训、现场考核，定期抽查等措施，22 家生产主体上市农产品全部带"证"销售。通过"码证合一"的推行，使农产品体现出合格证内容，还能扫码查询生产过程，提升了农产品竞争力。

（六）强化服务，做好指导

把食用农产品合格证制度的落实作为日常巡查、执法监督的重要内容，在日常巡查中，对生产主体出具者提供的认证信息、生产记录及其产品有关信息进行检查核实，针对开具过程中遇到的难点问题及时指导解决，确保合格证真实性，实现有条件的生产主体上市农产品合格证全覆盖。

下一步，将继续按照省厅要求，完善农产品质量安全监管方式，全面落实合格证制度，探索合格证信息化管理，统筹推进合格证制度落实与追溯应用衔接融合，不断提升铜川市农产品质量安全监管能力，助推农业高质量发展。

二十四、推行食用农产品电子合格证　构建农产品质量安全监管新模式

——青海省西宁市

根据《青海省农业农村厅关于印发〈全国试行食用农产品合格证制度实施方案〉的通知》要求，西宁市农业农村局提高政治站位、强化认识，将推行食用农产品合格证作为加强农产品质量安全监管的有力抓手，把合格证试行工作摆上重要日程。针对实际应用中存在着手工填写效率低、难以保证开具主体真实性、难以归类统计、难于有效监管等问题，大胆尝试，推行电子合格证，提高了生产主体的认识，有力推动了食用农产品合格证工作的开展。

（一）典型做法

一是为做到从地头到餐桌的全程追溯，开发智能程序，应用电子合格证，提升合格证制度推行效率。本着监管与服务并行的理念，为生产经营主体开具食用农产品合格证提供良好便捷的服务，实现食用农产品合格证的开具简单易行，西宁市组织技术人员经过查阅资料、市场调研、研究讨论，和第三方合作量身打造了涵盖合格证创建、移动便携打印、合格证防伪印刷激活、合格证销售流通查验为一体的"西宁市食用农产品合格证追溯管理服务系统"。生产主体通过移动互联网手机微信应用，对规模化生产主体进行对接工商注册信息和手机号实名捆绑，有效保障了使用者的真实性，并解决了仿冒他人虚假开具的问题。二是加强部门联动，强化监督抽检。市县（区）农业主管部门、执法部门、蔬菜技术服务等职能部门联动，通过职能权限管理

"西宁市食用农产品合格证追溯管理系统"，及时掌握本地区食用农产品合格证使用情况，督促生产企业提高合格证的使用率，确保合格证填写规范、信息完整、真实有效。同时，全市各级质检机构加大对食用农产品合格证生产主体的督导检查、抽检，共督导检查 60 次，累计共抽检样品 600 批次，合格率达 98% 以上，全面推进食用农产品合格证制度试行。

（二）工作亮点

一是多种形式合格证的开具方式，为生产经营者提供了更多便利的选择。目前开具方式有四种，即纸质版印刷合格证、电子激活合格证、电子蓝牙打印合格证和电子纸张合格证。通过实际操作认为，食用农产品电子合格证系统设计理念接地气，面向种养殖生产者、销售（收购）者、消费者、监管方各自需求，操作简单易学，开具方便、快捷，可随时随地开具，成本低，所开具的合格证完全符合《全国试行食用农产品合格证制度实施方案》的要求，适应于西宁市推广应用。二是实现食用农产品合格证和质量追溯凭证的双证合一。"西宁市食用农产品合格证追溯管理服务系统"支持和国家农产品质量安全追溯平台对接，合格证上的二维码不仅能够查询合格证要求的所有信息，还可延伸查询到质量安全追溯的所有信息。目前西宁市合格证开具主体 177 家，生产企业 118 家，种植户个人 59 家，开具合格证总张数 83 399 张，附带合格证上市农产品 50 249.86 吨，其中带有追溯码的合格证 28 321 张，带追溯码上市农产品数量共计 5 372.8 吨，其中，蔬菜 4 049 吨，水果 25.8 吨，畜禽 11 吨，禽蛋 285 吨，其他 1 002 吨。追溯信息显示西宁市农产品流向 6 个省份，5 个州地市，15 个区县。

二十五、强化协作　加强监管　推行合格证 ABC 模式
——宁夏回族自治区固原市原州区

（一）基本情况

原州区地处宁夏南部山区，土地资源丰富、气候冷凉，农牧业发展潜力巨大。截至 2020 年底，瓜菜、马铃薯、饲草种植面积分别稳定在 22 万亩、10 万亩和 40 万亩以上，肉牛、肉羊、生猪、鸡饲养量分别达到 18 万头、

39.5 万只、4.7 万头、72 万羽，是宁夏乃至全国重要的冷凉蔬菜和马铃薯生产基地。为加强农产品质量安全监管，确保人民群众"舌尖上"的安全，原州区创新食用农产品监管机制，率先在宁夏推行食用农产品合格证制度，以合格证使用主体功能为出发点，探索推行食用农产品合格证 ABC 三证模式，有效压实压紧生产、收购、销售者三方的主体责任，做好农产品产地准出与市场准入有效衔接。

（二）食用农产品合格证试行具体措施

1. 强协同，细分工，抓主体责任

原州区农业农村局联合市场监管局原州区分局加强协作，成立联合领导小组，从生产、流通两个环节共同监管、共同推进。在生产环节，由农业农村局负责，结合农产品可追溯项目建设等工作，落实食用农产品 A 证制度，要求农产品生产者在加强管理、确保产品安全的基础上进行自我承诺并开具 A 证。同时，对有条件的生产主体配备相关设备，探索纸质合格证与电子合格证"两条腿"齐步走。在流通环节，由市场监管局负责，对农产品批发市场、超市和农产品销售者，实行 B、C 证管理，B 证由食用农产品集中交易市场开办者通过检测和委托检测合格后进行开具，C 证由食用农产品销售者开具，开具依据为销售的食用农产品持有食用农产品合格证（A 证或 B 证）、自检合格以及委托检测合格。

2. 强宣传，夯基础，抓氛围营造

结合执法检查，发放《食用农产品安全用药指导手册》、国家禁限用农药名单等材料 5 000 多份，严格种植业产品用药间隔期和畜禽休药期制度，促进经营主体规范生产、科学生产、安全生产；悬挂横幅 50 多条，张贴"合格证告知书" 3 000 余份，集中开展宣传活动 5 场次；以训代会，组织举办了合格证专题培训班 6 场次，培训各类生产主体、经营主体代表 370 多人，对重点农业生产、经营企业进行 ABC 合格证模式技术服务指导，不断推广合格证制度的应用。

3. 严检测，重监管，抓质量安全

重点对已实施合格证的生产主体加强监督抽查和快速检测工作，2020 年以来，共抽检农业生产经营企业 70 家，开展农产品县级监督农残速测样品

1 313 个、合格率 100%，委托宁夏国测检验检测有限公司监督检测 3 批次 186 个样品，合格率 99.5%；组织农产品批发市场和生产基地开展农残速测样品 5 000 份，合格率 98%；开展畜禽肉品品质检验和"瘦肉精"检测、抽检样品 6 000 份，全部为阴性。

（三）试行食用农产品合格证制度的成效

目前，原州区已将 126 家生产经营主体纳入食用农产品合格证管理，统一规范制作 ABC 三种合格证 40 万张，在 20 家企业试行了食用农产品电子合格证。截至 10 月底，已有 92 家生产主体实施合格证制度，开具合格证 8 800 余张，带证上市农产品覆盖 20 多个品种，达到 8 300 多吨。

通过实行合格证 ABC 三证模式，有效加强农产品在生产、收购、销售环节的科学管理和在生产基地、批发市场、超市和零售商贩等流通渠道的"带证上市"，严格落实食用农产品 B 证和 C 证制度，也将倒逼农产品生产者落实以自我承诺为主的 A 证制度，使生产者农产品质量安全主体责任得到了进一步压实，推动生产者按照合格证承诺要求对标生产，让农产品安全上市，使消费者放心消费，群众对此普遍欢迎。同时，通过全面推行食用农产品合格证 ABC 模式为载体的农产品质量安全监管措施，也使原州区冷凉蔬菜、肉牛和马铃薯等特色农产品对外市场销售渠道进一步拓展，外省农产品收购商对开具了合格证的农产品收购意愿也显著提高，有效提升原州区本地特色农产品的溢价空间。

二十六、明确责任　突出重点　着力推进食用农产品合格证制度

——甘肃省嘉峪关市

2020 年是全国试行食用农产品合格证制度开局之年，为更好贯彻落实农业农村部、省农业农村厅的工作部署，嘉峪关市积极探索，多措并举试行食用农产品合格证制度，形成了企业自律与严格监督相结合的农产品质量安全管理新格局，全市食用农产品合格证制度稳步推进，取得了阶段性成果。

（一）加强组织领导，强化工作保障

为了确保此项工作有力有序开展，取得实实在在的成效，结合嘉峪关市实际，市农业农村局制定了《嘉峪关市试行食用农产品合格证制度实施方案》，成立了由农产品质量安全工作分管领导任组长，相关科室、站、所、检测中心负责人为成员的嘉峪关市试行农产品合格证制度工作领导小组，明确了工作任务，靠实了职责分工，确定了重点环节具体操作方式，构建了上下协调、密切协作的工作机制，全面启动了试行食用农产品合格证制度。

（二）深入调查摸底，建立监管名录

充分发挥镇级监管员和村级协管员作用，对全市农产品合格证试行范围内的种养企业、合作社、家庭农场等进行全面摸底，共摸底统计运营规范、较规范、一般规范的种养企业、合作社，家庭农场 294 家，经核实筛选，初步选择将在全市范围内农产品市场供给率高、信誉度高、运行规范的 71 家经营主体纳入了主体名录数据库。为满足合格证开具需求，市农业农村局印制发放农产品合格证 3 000 张，组织经营主体自行印制 1 500 张，已开具食用农产品合格证 849 张，上市农产品 6 300 吨。

（三）广泛开展宣传，营造良好舆论氛围

市农产品质量安全检验监测中心转变宣传方式，利用采样、监督检查等机会，深入种养基地、合作社、村庄，通过摆放宣传展板、张贴宣传彩图、发放明白纸、告知书等形式，开展食用农产品合格证试行制度宣传，发放《嘉峪关市试行食用农产品合格证制度告知书》和《新冠疫情防控期间质量安全操作指南》等资料 1 000 份，悬挂宣传条幅 4 条。现场指导生产者掌握合格证内涵要义和开具要求，共开展现场指导 30 余场次，培训 1 000 人次，确保了合格证填写规范、信息完整、真实有效，让农产品合格上市、带证销售。同时，借助新闻媒体《雄关周末》、嘉峪关电视台"食安雄关"栏目实时报道食用农产品合格证制度试行工作进展情况，为提高消费者安全意识，发挥社会监督作用，营造了良好的宣传共治氛围。

（四）集中组织培训，夯实工作基础

按照省农业农村厅的统一部署，7月，嘉峪关市组织各级农业农村行政监管、检测、执法机构和农产品生产企业、农民专业合作社70余人参加了全省食用农产品合格证制度线上培训。为进一步推进嘉峪关市食用农产品合格证试行工作开展，市试行合格证制度工作领导小组召开专门会议，对照目标要求，分析寻找问题差距，积极补短板、强弱项，安排部署下一步工作任务，于10月上旬再次举办了全市农产品质量安全追溯暨试行食用农产品合格证制度培训班，对试行合格证制度工作领导小组成员、"三品一标"生产主体负责人、农业企业负责人、运行良好的种植、养殖、水产合作社及家庭农场负责人进行业务培训，并邀请亿民鸿源（北京）科技有限公司西北区负责人对食用农产品电子合格证专用设备使用进行专题授课。本次培训以"合格证＋追溯码"为实施合格证制度的主要模式为题，指导生产经营主体通过创建完整的溯源系统，完善农业生产过程中的生产信息，包括产地环境、生产流程、病虫害防治、质量检测等信息采集。通过培训，经营主体开具合格证的数量大幅增加，为合格证制度推行提供了有力的技术支撑。目前，已有8家新型经营主体使用食用农产品电子合格证专用设备开具农产品合格证，实现了"合格证＋追溯码"（证码合一）的有机结合，提高了食用农产品合格证试行推广使用效率。

（五）强化督促检查，确保工作落实

为督促各生产主体切实履行好主体责任，嘉峪关市将合格证查验纳入日常检查中，严格执行市场准入制度，对各生产主体合格证推进情况等进行检查督促，严厉打击虚假开证等行为，积极引导生产主体负责人对每批产品自主开具合格证，实现自我承诺，严防不合格农产品进入市场。目前，已出动执法人员30余人次，检查生产主体40余家，确保试行食用农产品合格证制度全面落实。

二十七、试行农产品合格证　实现质量效益双丰收
——云南省楚雄彝族自治州双柏县

推行食用农产品合格证是以国家农产品质量安全追溯信息管理平台为依

托，通过农产品生产者自行出具农产品合格证方式，实现农产品生产企业内控自律、自我承诺及质量安全追溯管理有机统一的新模式。双柏县按照农业农村部和省、州农业农村主管部门的统一部署和工作要求，在全县范围积极开展食用农产品合格证制度试行工作，较好地实现农产品质量安全及企业经济效益"双丰收"。

（一）试点企业积极推行

双柏县的燚天商贸有限公司是一家专门从事佛手鸡林下养殖的龙头企业，积极组织人员参加合格证制度业务培训，积极配合开展食用农产品合格证试点工作。特别是在2020年新冠肺炎疫情防控初期，在所有人员及农产品外出调运通道全部关闭情况下，县农业农村局领导及时为公司颁发出全县第一张食用农产品合格证，作为县内农产品向外调运重要合法凭证，积极为公司开辟农产品销售绿色通道，解决鸡肉、鸡蛋农产品销售及饲料原料采购的大难题，对农产品稳产保供起到非常重要的作用。

（二）基本样式不断完善

双柏县在合格证制度试行过程中，针对全县主要农产品生产及生产主体实际，积极组织蔬菜、水果、肉鸡等农业龙头企业开展合格证制度试行工作，深入生产经营主体组织开展座谈调研听取意见，增加质量安全认证信息、企业信息等内容，对食用农产品合格证基本样式不断进行修订完善。在通过反复多次推行试点基础上，统一形成"双柏县食用农产品合格证"样式。通过生产主体及时开具使用农产品合格证，使合格证同农产品一道随货同行，实现"一车一证一码""一批一证一码"追溯，保证广大群众放心安全消费农产品。

（三）追溯信息有效集成

双柏县紧紧依托国家农产品质量安全追溯信息管理平台，将企业追溯信息管理平台追溯码、统一社会信用代码与合格证基本样式模板有机结合，在农产品合格证上集成企业主体"二维码"+农产品质量安全"追溯码"及农产品质量认证信息，通过打印形成各企业的农产品合格证，使企业既能够方便快捷高效印制使用合格证，又节约打印成本；广大消费者只要通过扫描合格证及包装上的二维码、追溯码即可清楚地查询到该产品的生产商信息、该批次生产记录等生产管理信息，积极推进全县农产品合格证制度试行工作的开展。

（四）质量安全有力保障

双柏县在试行农产品合格证过程中，始终严守农产品质量安全底线，农产品生产主体质量安全管控及自律意识进一步提升，大力推行农业标准化绿色种养技术，科学合理使用农业投入品，严格遵守国家禁限用农（兽）药使用规定已经形成共识。在部、省、州开展的农产品质量安全监督抽检及附带农产品合格证质量安全飞行检查中，合格证企业被抽检的农产品质量安全监测指标全部合格，各相关农产品生产企业认真兑现合格证上向广大消费者做出的质量安全庄严承诺。

（五）企业效益明显提升

从双柏县近半年来试行农产品合格证出具使用情况来看，大部分商超及集采客商已经开始主动索要农产品合格证，对农产品合格证的信任度及索证需求进一步提升，农产品质量安全得到大部分客户的支持和信任，极大提振广大消费者的信心。通过试行农产品合格证，使各企业农产品的销售价格平均提高 10%～15%，企业农产品品牌及经济效益得到显著提升，有力地促进全县高原特色现代农业的健康快速发展。

（六）合格证制度未来可期

双柏县推行食用农产品合格证制度正处于试行阶段，由于企业受人员、设备、技术等方面的条件限制，目前只出具使用自行印制的食用农产品合格证，在农产品交易时进行手工填写开具并随货物同行。

下一步将认真总结完善合格证开具使用经验，在现行合格证样式基础上再进行优化集成，积极引进便携设备、智能机等先进技术设备开具食用农产品合格证。

二十八、新疆维吾尔自治区阿克苏地区库车市试行食用农产品合格证制度典型经验

为全面贯彻落实习近平总书记关于食品安全系列重要讲话精神，进一步推动库车市农产品生产经营主体落实质量安全责任，切实规范生产经营行为，不断保障食用农产品质量安全，库车市先行先试、率先垂范，在全市范围内扎实推进试行食用农产品合格证制度，确保人民群众饮食安全。

（一）组织保障到位

成立了由库车市常委、副市长牵头任组长的试行食用农产品合格证制度工作领导小组，各相关单位主要领导为成员的领导小组，各乡镇、市直各相关单位层层成立领导小组，形成一级抓一级、层层抓落实的工作格局。根据《自治区试行食用农产品合格证制度实施方案》文件精神，及时制订《库车市试行食用农产品合格证制度实施方案》（库农组〔2020〕3号），并充分征求相关部门意见建议后下发至各乡镇和有关市直单位，为工作的顺利开展提供了坚强的组织保障。

（二）资金保障到位

县财政拨付资金8万元制作《食用农产品告知书》1 300份、食用农产品合格证46 000张、刻录宣传光盘400张，为开展全市宣传培训及合格证使用工作提供组织保障和经费支持。

（三）培训宣传到位

为提高试行合格证制度相关知识普及率，在库车市全市范围内大力开展宣传培训。一是强化技术人员培训，先后分两批对农业、林业及各乡镇农业生产管理及技术服务人员、企业和合作社等试行主体200余人进行食用农产品合格证制度解读、师资线上培训和食用农产品合格证工作实践探索，为库车市全市食用农产品试行工作的开展打下良好基础。二是强化一线人员培训。2020年以来，共组织开展宣传培训367场次，参加培训人员1 500余人，涉及4 635个生产经营主体，发放种植业、畜牧业等类合格证2.6万余份，食用农

产品合格证试行制度告知书 375 份，宣传光碟 475 张；组织专业力量到各乡镇、牛羊、生猪、家禽养殖场等一线场所对农业生产管理人员、技术服务人员和广大种植、养殖户进行面对面专项培训，截至目前，全市各畜禽养殖企业及合作社宣传培训覆盖率达 100%。三是强化宣传引领。组织各乡镇结合农业生产技术指导工作，重点强化合格证试行主体及散户进行食用农产品宣传培训，截至目前，通过村级大喇叭开展宣传 212 次，组织人员开展集中宣传 395 场次，接受宣传人员 6 万余人，制作展板、张贴宣传挂图 281 张，发放试行告知书及明白纸 276 份。

（四）技术指导到位

为全面推动工作落实，专门安排技术人员每月对各乡镇制度试行情况及存在的问题进行现场指导，从试行合格证制度宣传培训工作开展情况、生产主体对食用农产品合格证制度知晓率、试行主体开具使用合格证情况及档案资料收集整改等方面对各乡镇工作情况进行了全面查看，在合作社和屠宰场实地检查合格证开具使用现状，通过与试行主体交流，不断宣传推行食用农产品合格证制度目的和意义，就试行过程中存在的问题进行进一步研究，切实转变了部分生产者单纯为贴证而贴证的思想误区。同时要求农业生产管理及技术人员和广大食用农产品生产者从保障和提高农产品质量安全的高度认识试行食用农产品制度的目的和意义，严格遵守农业投入品选用要求，在强化责任意识的基础上，确保农产品质量安全。尤其是 7 月新冠肺炎疫情防控期间，在确保严格遵守疫情防控的要求下，指导组重点对各试行主体落实合格证开具情况、证书填写使用方面存在的问题及乡镇在落实监管过程中出现的薄弱环节与相关工作人员及企业管理人员进行了交流，共同探讨解决问题的对策，通过工作的开展推动了基层工作人员及试行主体在思想上的共识。截至目前，库车市各乡镇开具使用食用农产品合格证 27 184 个，有开具使用合格证的企业、合作社、大农户、小农户 1 002 家，贴用合格证数量 31 797 个，带动农产品销售 9 723.7 吨。

（五）监督管理到位

为确保合格证开具使用符合相关要求，库车市将食用农产品合格证开具纳入日常监督检查工作范围，除农业部门结合农产品质量安全监督抽查工作开展对市场及各试行主体积极宣传和指导生产经营者按要求落实合格证制度外，市场监管部门也积极配合将合格证开具使用监督检查纳入日常工作，对其他地区流入库车市辖区内批量较大的食用农产品要求其必须出具合格证才能上市销售，同时安排农业检验检测中心在各大农贸市场开展农产品安全监督抽样时，重点抽取无法提供食用农产品合格证的商户。对散户在市场中销售农产品出现的合格证使用方面的问题，现场开展示范，指导其正确填写和使用合格证方法，解决了散户没有合格证不能销售自己农产品的实际困难，确保合格证信息完整。对于虚假开具合格证或已开具合格证却产品不合格的严肃处理，同时加大抽检频次，确保问题彻底整改。

（六）联合执法到位

为确保合格证制度落到实处，推动生产主体质量安全意识水平的提升，库车市农业农村局与各乡镇、林草部门成立联合执法领导小组，共同对全市农产品生产经营主体进行摸排，将规范经营的企业或合作社列入合格证试行主体，同时指导乡镇开展试行主体信息收集，并将其录入自治区农产品质量安全追溯管理平台，目前已完成 102 家生产主体注册。

二十九、大连市庄河市试行食用农产品合格证制度典型经验

根据大连市农业农村局下发《大连市试行食用农产品合格证制度实施方案》文件要求，庄河市农业农村局及时制定了《庄河市试行食用农产品合格证制度实施方案》并下发给各乡镇、街道，全面推进试行食用农产品合格证制度。

（一）工作开展情况

一是周密部署。市农业农村局积极动员部署，做好政策宣传，截至目前，大连市局下发的合格证，已全部发放完毕，并要求各经营主体按照合格证的样式，自行印制，确保合格证数量充足，做到每批卖出的食用农产品都能随产品开具合格证。二是加强宣传引导。通过悬挂横幅、发放宣传单等宣传方

式引导企业积极参与试行食用农产品合格证,同时乡镇各农产品质量监管站做好对食用农产品生产企业、合作社、家庭农场、种养大户等开具主体的指导服务,推动合格证制度全面试行。三是加强监督检查。全市建立试行食用农产品合格证制度台账机制,明确专人实行台账管理,将食用农产品合格证制度宣传和开具纳入日常巡查检查重要内容,严肃查处虚假开具合格证、承诺与抽检结果不符的生产主体,并纳入农产品质量安全信用管理,加强执法监督频次。

（二）典型案例

以码代证。大连金阳果菜专业合作社把农产品质量安全作为首要之重,将农产品质量安全追溯二维码标签代替食用农产品合格证作为产品亮点,把追溯二维码标签作为合作社名片。大连金阳果菜专业合作社位于庄河市长岭镇,成立于 2018 年,合作社成员 58 户,果菜基地总占地面积 350 亩,大棚实地占地面积 230 亩,其中草莓种植面积 110 亩,蓝莓 64 亩,番茄 56 亩,拥有现代化塑料大棚 170 座。大棚自动调温、自动覆盖的水电力及其他园内必备的现代化设施齐全。目前,合作社为了种植技术的提升,聘请东港草莓生产管理技术专家指导建设冷冻草莓大棚,打造长岭冷冻草莓栽培管理技术的实验示范基地。合作社每年为成员销售农产品产值约 1 400 万元,并带动周边 100 余户农民进入生产基地工作。

大连金阳果菜专业合作社成立伊始一直把农产品品质放在首位,已有注册商标"郭果香",还有"庄河草莓""庄河蓝莓"地理标志使用单位,并且申请了绿色食品认证。合作社自注册以来,不断延伸产品种类,现已有草莓、蓝莓、番茄三个品种;不断拓展销售区域,突破辽宁省将产品销往北京、上海、黑龙江等多个省份。截至目前,合作社打印追溯二维码标签 4 236 张,实现草莓可追溯 2 337.5 千克、蓝莓 1 533.5 千克、番茄 184 千克,达到每颗果子均追溯的初衷。半寸见方的二维码,不仅存储了种植、采摘、加工每个环节的信息,也对基地和产品的形象进行了细节性展示,提升产品品质附加值的同时亦提升了消费者购买信心,产品复购率也有了大幅度增长。

合作社积极参加市农业农村局举办的国家农产品质量安全追溯管理信

息平台培训会，邀请培训人员进行实地技术指导，解决问题。新冠肺炎疫情期间通过微信在线上进行技术咨询，逐渐深入了解并掌握国家农产品质量安全追溯管理信息平台的功能。形成适合自己合作社发展的追溯流程：安排专人负责产品追溯、农资、用药、进出档案记录等工作，还分别划区进行农事记录，并上市前检测和信息输入电脑。这一套追溯流程尽管给合作社带来了一定程度的成本上升，但合作社负责人对追溯的决心非常坚定，不曾改变。

（三）下步打算

一是高度重视合格证试行工作，切实提高思想认识，细化任务分工，建立工作责任制，保障工作落到实处。

二是建立主体名录，将已在前期建立的农产品质量安全生产主体监管档案数据库的基础上，进一步摸清完善全市辖区内种养殖生产者名录，形成合格证制度试行主体库，确保试行规定范围的主体全覆盖。

三十、深入实施"合格证"制度　助推农业产业高质量发展

——宁波市象山县

近年来，象山县坚决贯彻落实农业农村部及省市农业农村部门关于"食用农产品合格证"推广工作的部署要求，强化组织领导、检测督查、宣传引导，以象山柑橘特色产业为突破口，全面深入推广实施食用农产品合格证制度，实现规模主体合格证开具使用覆盖率100%，助力"象山柑橘"区域公用品牌价值提升，进一步擦亮国家农产品质量安全县"金名片"。主要做法如下。

（一）强化组织领导，大力推广使用合格证

一是全面建立合格证主体数据库。2017年，县农产品质量安全工作领导小组印发《关于开展规模农产品生产者大调查和推进合格证管理工作的通知》，明确启动食用农产品合格证管理，建立了县级规模主体数据库，为合格证全面推广奠定基础。二是多渠道实施合格证开具。县级以上生产经营主

体依托省市农产品质量安全监管平台打印开具电子合格证，做到100%全覆盖；鼓励其他规模主体使用电子合格证；针对小散种养农户，提倡使用手工版《象山县食用农产品合格证》，简化填写内容，根据产品、规模和包装特点设计三种样式，补齐农户使用合格证短板。2020年，全县734家主体实现合格证准出，其中427家使用电子合格证，累计开具和使用合格证24.8万张。三是实施农业政策奖惩联动。2020年，根据部、省、市文件精神出台《象山县食用农产品合格证制度实施方案》，将合格证开具情况与项目补贴、品牌认证、展示展销、信用管理、政策保险等挂钩，对合格证开具示范主体给予政策支持。将合格证开具情况纳入农安信用等级评价指标体系，金融机构对信用A级主体给予提高贷款授信额度、降低利率等优惠，涉贷金额2 268万元，信用B级以上173个红美人柑橘农户投保"农产品质量安全责任保险"，财政补助50%保费，累计责任保额8 650万元，为诚信农户保驾护航。

（二）强化检测督查，切实保障合格证开具规范性

一是构建全域检测体系，努力做到农产品合格上市。全县"1+N"农产品检测格局由县农产品质量检测中心牵头，18个乡镇街道建立快速检测室，10个企业和村级检测室为补充。通过县乡两级抽检和规模主体送检，实现农产品上市前检测全覆盖，基本形成了"上市前检测、检测合格上市、上市张贴合格证、市场信息公开"质量保障体系。二是加强巡查检查，提升合格证开具率。在宁波市农产品质量监管平台中创新巡查检查功能区块，日常巡查中将主体合格证打印列为重点监管项目，对未及时开具合格证主体，通过蓝牙打印机现场出具"象山县农业农村局安全生产问题督查单"，督促乡镇农安员指导生产主体在规定时间内整改完成，并将合格证开具情况并列入乡镇农安工作年度考核指标。

（三）加大宣传引导，努力提升农产品品牌价值

一是广泛开展培训。加大合格证制度宣传力度，强化《浙江省农产品质量安全规定》《宁波市食用农产品质量安全管理办法》等法律法规培训，发放宣传资料5 000余份，在农产品质量安全直通车、科技下乡、监督检查等活动

中向生产主体、消费者宣讲合格证制度必要性和重要性。二是助力市场开拓。象山大旸农业公司和象山青果水果专业合作社2家企业在海关备案基地申请过程中，充分利用"合格证"，获取客户信任肯定，成功将"象山柑橘"打入中国香港市场，销售价格比国内提高30%。投入财政资金20万元，精心培育18家合格证使用示范主体，积极组织带"合格证"农产品参加展示展销活动，助推"象山柑橘"获得淘宝、京东、盒马鲜生等电商平台的青睐，2019年线上销售2亿元。